沒有所謂症狀，只有對身體的誤解。

沒有所謂生病，只有對身體的虧欠。

沒有所謂治療，只有對身體的維護。

細菌是我們的醫生

陳立維──著

醫生

Doctor Germ

菌

給吾妻雲子

無盡的感恩和虧欠

目錄 Contents

Chapter
05 膽識 Guts

Chapter 06 負擔 Load

菌相平衡：
人類健康新解

―――芝山生活家負責人、
診所開業家庭醫師

余儀呈

　　四、五年前剛認識立維老師時，從他批判在社會不當價值中執行醫療業務之醫師（包括他的父親）之言談中，我對他的第一印象是內心經歷深刻矛盾，從而掙脫出來大力吶喊「健康是一條反璞歸真的修行路」的一個人，驀地發現醫界竟然也有這樣的同路人，德不孤必有鄰，我們不必然踽踽獨行。

　　我是個行醫三十餘年的家庭醫師，很清楚大部分的疾病是來自於生活習慣與環境，只要能修正致病的因子，減少工作壓力、增加蔬果高纖飲食，加上規律的運動與充足的睡眠，大部分的疾病都能自癒。然而這只是知其然，西方醫學教育並未告訴我們所以然。直到最近十幾年，我從自己歷經闌尾手術後沒幾年開始有憩室炎才恍然大悟，原來1908年諾貝爾獎得主俄羅斯科學家梅契尼可夫語出驚人，一口咬定人類衰老的原因是由有害的細菌在腸道滋長所造成的立論是不能漠視的。當年他發現保加利亞農民的長壽是因為經常食用一種富含乳酸菌的「酸奶」，這個

發現後來啟發日本科學家代田稔發明了暢銷全球幾十年的
「養樂多」，也並非沒有健康意義。美國史丹佛大學瑞爾
曼在 2005 年《科學》上發表一篇論文，利用分子生物學
方法，研究團隊從健康人的不同部位腸道取出腸壁黏膜組
織，找到超過千種以上的腸道細菌，其中大部分是前所未
知的新菌種，我才驚覺自己對牠們以百兆計的細胞數量，
以及提供人體養分、調控腸黏膜修補或誘導免疫細胞等功
能，過去的醫學知識是遠遠不足的。

　　現代醫學面臨許多束手無策的慢性病，過去幾十年醫
學一直冀望於基因的研究，期待有突破性的醫療進展。然
而，當完成人類基因組計畫時，科學家及醫療專家不免大
失所望，人類竟只有兩萬多個基因，居然與果蠅相去差不
多。相對於腸道菌的研究，人類細胞的基因顯然微不足道，
因為與人體共生的 1200 餘種腸道細菌、酵母和其他微生
物，其基因總數卻多達 330 萬個，是人類基因數目的 150
倍。所以，我們的身體到底誰在當家？是我們自己的細胞
還是在人體內共生的微生物？我們的健康是如何失去的？
透過正念靜坐、生食斷食、蔬果酵素，身體又如何能自行
療癒？

　　循著這些思維脈絡，對於健康的追尋，似乎未來需要

一個全新的系統性架構，人體是由數百兆細胞構成，其中少數（約十分之一）由人類兩萬多個基因調控，更多數（約十分之九）的其他細胞（微生物）則由多達 330 萬個微生物基因所控制。生命之初，從受精卵單細胞開始發育到出生前，胎兒期胃腸是無菌的。隨著出生，身體開始與外界接觸，生產的過程、哺乳的方式，以及成長後從情緒、壓力、食物、空氣等，體內的腸道菌不斷持續改變生態平衡。當某些「壞」的細菌過度生長會破壞原有的微生物平衡導致腸道生態失調，並會產生內毒素、阿摩尼亞、硫化氫、苯酚、吲哚等有害物質，造成黏膜傷害與增加肝臟排毒負擔，黏膜結構一旦出現疏漏又可能導致食物抗原引起免疫反應，最終會導致各式各樣的疾病。例如常見一些慢性退化疾病、皮膚過敏、偏頭痛、腸躁症、甲狀腺疾病、紅斑性狼瘡、類風濕性關節炎、慢性疲勞、憂鬱症、食物過敏、痤瘡等，病源似乎都被高度懷疑與腸道菌相失衡有關。近來乳癌與攝護腺癌患者愈來愈多，已知與雌激素異常代謝有關，而導致荷爾蒙異常代謝的元兇也發現可能與腸道壞菌過度生長有關。

　　近年來液相層析質譜儀（LC-MS）的技術非常進步，腸道細菌生態失調可透過代謝所產生的酸性產物，在特殊

實驗室進行尿液檢測而窺見其機轉，這幾年我試著藉此幫病人評估腸道微生物過度生長的狀況。例如：尿液中 D-阿拉伯糖醇過高，可能表示是腸道念珠菌的滋生而致免疫受損；過多的 D- 乳酸意味著碳水化合物吸收不良及腸道的嗜酸乳桿菌的過度生長；當尿液出現偏高的馬尿酸、苯甲酸、苯乙酸、苯丙酸、對羥基苯甲酸、對羥基苯乙酸、二羥基苯丙酸、吲哚靛甙或丙三羧酸等時，代表腸道內有變形桿菌、大腸桿菌、梭狀芽孢桿菌、梨形鞭毛蟲或其他有害厭氧菌的生長。

　　尿液檢測這些有害物質，乃經由微生物對於食物之發酵所產生，決定於生活作息、飲食內容與腸菌生長等狀況，作為醫師我須更謙虛去解讀這些檢測，也希望從此書得到啟發，不斷學習解惑，以面對處理各種複雜的慢性疾病。

後抗生素時代的
愛菌、養菌、用菌哲學

————高雄榮總胃腸肝膽科醫師
林裕鈞

2016年5月底，那時剛考到內科執照，在「酵益斷食」的營隊上，我初次認識陳立維老師。

「對於病倒或過勞等，我能理解，但不會同情，醫師是最不該生病的！如果醫師也無法讓自己健康，想要真正的健康，能依賴醫師嗎？」

「養生，不是養醫生；養生，要少看醫生。」

陳老師給我的初印象，是直言不諱的嚴師，被誤解為反醫療人士的醫師後代。我非常好奇，有著十年實踐斷食，與輔導近萬人斷食經歷的他，究竟看到怎麼樣的風景？

接受胃腸肝膽專科的訓練才滿一年，我已接觸到幾位醫師患者，有急性膽囊炎切掉膽囊的，有反覆莫名發燒夾雜感冒與腸胃不適，有無法診斷的怪病，有年紀輕輕就胃潰瘍的，有慢性便秘造成腹痛的，有前額帶狀泡疹發作的……這是我看到的風景，醫療與健康之間，本該是相輔相成的佳偶，卻有種緊密又撕裂的矛盾。

　　決定參加酵益斷食營的契機，是看到原本體重破百的好友王嘉熙老師，再也不復胖，半年中穩定的苗條下來，更重要的，是精氣神的改變，那種掌握健康之道的自信，假裝不來的。

　　「瘦下來，只是附加價值，如果動機只在減肥，那你永遠不可能達到健康。」營隊中，陳老師的告誡充滿禪意。

　　聽聞我在斷食的親朋好友，大家第一個反應都是：「你太瘦了還斷食，營養不良會生病的！」

　　一直以來，我深受過敏的困擾。國小時頻繁哮喘發作，擔心像歌手鄧麗君一樣死於氣喘，中藥、西藥、尿療、燉補，都曾乖乖試過，也不知是這些「療法」發揮作用，還是騎腳踏車通勤加上打球運動的幫忙，或是青春期後體質自動改變，總之，高中之後，氣喘幸運地不藥而癒；過敏性鼻炎，則在搬來溫暖的高雄後改善。

　　現在，剩下難纏的異位性皮膚炎，只要工作壓力超載、作息不正常、貪吃甜食，它就成為我的「良師益友」，冒出來教訓我。要異位性皮膚炎患者不抓癢，幾乎不可能，但越抓就越癢，癢帶來焦躁，焦躁就更想抓癢，好不容易結痂又被抓破，又痛又癢，睡眠品質不好，又讓情況更糟。

　　這一年來，我親身實踐過三次的七天「全日斷食」，

並且恪行每天「晨斷食」，體驗到頭腦變得清晰、情緒逐漸穩定、排便得以順暢的階段性變化，皮膚炎的抗議也得到安撫，縮小了興風作浪的頻率和範圍。雖然沒有類固醇的速效，但我相信身體的智慧，與持之以恆的力量。另外，對我而言很棒的附加價值，是省下很多用餐時間，能將之用在自我成長和醫療工作上。斷食，兼具健康管理、時間管理、終身學習等多維度的意義，這是親身經歷，才有辦法體會的樂趣。

斷食並非不吃，而是減少消化熟食對健康存摺的損耗，以富含酵素和膳食纖維的素材，能量取代熱量，讓真正了不起的醫生──細菌，強化與人體的連結互動，成千上萬富饒的「菌群網絡」，自然會帶來共存共榮的健康。

從實證醫學的角度評價，陳老師推廣的健康之道，只是排名第五的專家意見（expert opinion），僅供參考，不如集結多篇雙盲測試的系統性文獻回顧（systemic review），可信度才是第一？但與其看證據等級，不如看證據品質，閱讀陳老師十年來的作品，你會發現他的照片有逆齡的蛻變！他不是只敢拿別人做實驗的學術派，而是「道成肉身」的實踐派，這也是讓我能認同並「以身試法」的關鍵。

「不去意識要根治，才有可能根治。心態對了，才會有持續性的練習。保健，才是最有效的治療。」

醫學，本來有著生理、生化、藥理、病理這四大基石，但臨床的實務中，主流的觀念偏重藥理和病理——必須有診斷，才有辦法治療；必須有藥物，才有辦法治療，龐大醫療產業鑽研和開發的方向，自然往高端檢驗與昂貴藥物傾斜。

在醫療環境中，一切都得快速、便宜、有效，信任是奢侈品，副作用和併發症隨時可能發生，我們彼此教導，小心駛得萬年船，切莫一失足成千古恨；已經生病的人，身體生理與生化機轉的運作，不值得信任，任何風吹草動都必須嚴陣以待，到底是正常反應？症狀？亞健康？疾病？最終的邏輯總是，寧可錯怪一百，不可放過一個。

於是，更多的檢查，更多的藥物，成為醫師分散訴訟風險的手段，也成為民眾篤信的圭臬。潛移默化下，人們只問療程多久，忘了健康需要耐心地持續經營；只問醫師你行不行，忘了健康必須勇於承擔自身的責任。醫療越進步，人的生命力與存在度，就越發泯滅在反射性的就醫公式裡。人類暫時阻擋了傳染病，將細菌踩在腳底，卻迎來自身創造的新疾病。

陳立維老師並非與科學對立的唯心論者，他是微生物學出身的專家，也曾在我的母校陽明大學醫學院裡授課，出於對優秀作品的尊重，他會購買原文書來閱讀，持續地自省、進修、寫作，這些都是我很欽佩並效法的特質。

菌相失衡（dysbiosis）已成為當今胃腸肝膽專科領域的顯學，運用糞便移植（fecal transplantation），可治療廣效抗生素造成的偽膜性腸炎、潰瘍性腸炎、克隆氏腸炎等。知名的《自然》期刊，揭示帕金森氏症不是過去認為只侷限腦部的疾病，它極可能源自於胃腸道的病變，透過神經訊息的傳導、發炎物質滲漏等路徑，而影響大腦的正常運作。腦—腸—菌的協作系統（brain-gut-microbiota axis），一直默默地維護我們的免疫、情緒、消化、代謝，如今終於被科學家發現，描繪出其運作的模型。由此看來，愛菌、養菌、用菌，即將成為「後抗生素時代」的希望。

是的，在腸道菌相成為顯學的十多年前，陳老師早已看到這必然的未來，也不僅止於知道，他不斷汲取國內外新知，將學理融會貫通，讓一般人也能熟練「酵益斷食」，擁有通往健康之路的確信。在這十年中，我相信他因著這遠見，遭遇非常多的風浪險阻，感謝有他的堅持，讓我們能看到一位浴火重生的典範。

　　「⋯⋯就我年輕時的價值與目標，這應該是揚眉吐氣的一刻。可是，我揚棄了爭氣的所有念頭，也期勉自己，絕對不要有絲毫的自滿與自傲⋯⋯細菌不要我揚眉吐氣，身體也不要我爭一口氣。它們都提醒了我，爭氣不是生命的重要學分，勇敢彰顯生命與身體本質才是。」

　　鄭明析牧師曾勉勵過醫療人員一句話，我非常喜歡，並將之作為自己的座右銘：「醫療的根本，在於恢復生命的價值。」

　　《醫生菌》這本書，精煉了陳立維老師十年來踐行的體悟，順著那些足跡，你將重新理解細菌的角色，體認到恢復細菌的價值，就是恢復自身健康的價值。誠心推薦你，以開放的胸襟，驚嘆造物何等奇妙，走上這段特別的旅程。

　　「以終為始，無所畏懼。」

都是「菌」的事

————美國加州全美中醫針灸師、
美國內華達州自然醫學醫師

陳婉君

從讀者到朋友

2006、2007 年間，我在台北的有機店以量子儀器檢測駐診。當時市面上雖有了益生菌的產品，但真正了解益生菌的人並不多。其間，我閱讀了陳立維老師的《益生菌觀點》一書，如獲至寶，就請店長下訂 50 本，當成推廣益生菌的工具書。

在這之前，我曾回了趟美國，在 Barnes & Noble 書店找了兩本很吸引我的書，內容都在講酵素、益生菌，益菌生跟過敏、慢性病、癌症、肥胖體態的關連。因為是原文書，內容雖感興趣，但讀起來還是有點吃力。因此，當我看到陳立維老師飽讀眾多原文書，又經過仔細研究分析，融會貫通，並加以實踐後寫出來的《益生菌觀點》，一種相見恨晚的感覺油然而生。

當時我們並不認識，但都在執行理念相近的事，直到三年後，我們才有機會認識。因為讀過他的書，多少了解這位作者的想法、個性、脾氣，那時有種一見如故的感受。

我的「過敏」歲月

記得有一次陪同先生出差到馬來西亞，一位友人非常熱心接待，帶我們去吃在地人才會曉得的螃蟹大餐。我特愛海鮮，但卻是過敏體質（當時還沒有落實腸胃保健），我邊吃邊抓癢，先生則一邊剝螃蟹給我，一邊遞來酵素跟益生菌。很有趣的畫面，但何苦來哉？只為了滿足口腹之慾！這對當時的我，能開心吃是很不容易的，多虧了益生菌和酵素啊！

我何時開始成為過敏體質的？只知道小時候常常感冒發燒，打針吃藥已成生活的一部分。也因此認識了我的專有醫師「苦杯杯」（閩南語發音），他姓許，開的藥很苦。

長大後念護理，在醫院工作，常有醫生關心問我，臉怎麼像紅蘋果一樣，兩片臉頰紅紅的，該不會是紅斑性狼瘡吧！快去抽血檢查看看。結果並沒有呈現陽性反應，但也因此開始了四環素（doxycycline）長期愛用者之路。

種下了因，就得承受呈現的果！當然，消化系統的問題（胃痛、十二指腸潰瘍、膽囊炎、脹氣、口氣不佳）加上皮膚嚴重過敏，一直跟著我。不單如此，我坐車就暈車、想吐、頭暈目眩、冒冷汗，又不好入睡、便秘、經痛、念

珠球菌感染……等。別懷疑,這些看起來不太相關的症狀,全是因為長期吃抗生素來的。(有興趣的讀者,建議去閱讀陳老師的《益生菌觀點》,書中還提到很多和體內好菌被破壞後有關的症狀。)

被西藥所控制的人們

陳老師寫完《醫生菌》這本書時,他請我寫序,相約見面。拿著初稿還沒有看,閒聊中提到我們彼此走這條路雖辛酸,卻一直堅持著;又談到我們比別人多了解一些事實真相,卻常因著驕傲,缺乏愛,不夠體恤這些思想一直被西藥所控制的人。

他們內心充滿了恐懼,擔心身體所表現的症狀會失控;卻對我們產生很多的不信任及懷疑——即使親眼看到事實及數據上的證據。當時我們都無法理解,人們怎麼都不相信自己的身體受造是如此精密聰慧,是不會隨便犯錯的。

我們互問這十幾二十年來,到底真正改變了多少人、幫助了多少人、流失了多少好不容易來到我們面前,卻因為我們專業的傲慢,愛心的缺乏,不夠理解他們,而用尖銳的言辭斥退了他們,致使他們放棄了?這是我們彼此日

後需要再更精進的地方。

我倆都在保健產業，一直不斷接收新的資訊，因此有種直覺，知道什麼是對的；那種直覺會一直引導我們找到對的方向。當然年紀越來越長，領悟也會越來越深刻。所以自省的話題變多了，對於環境的虧欠感也逐漸加重。我們談到人性的敗壞、資源的濫用，社會充滿貪婪和欺騙，當然還有我們的不願意面對自己。

和陳老師聊完，回家一看初稿，內容有很多都跟當天的話題相近。我急著一窺全貌，以致常看到半夜一、兩點還不願意放下。這本書像是自省的心路歷程，又充滿最新真相的資訊。我倆應該算是有志一同的默契；或說都「養」了消化道菌相，比較能夠溝通！

我的習醫之路

我從護理開始，轉念中醫，後在夏威夷接觸學習了能量醫學、自然療法；再藉由以營養保健為基礎架構，給予身體足夠原料，協助人們重建修復。

在諮詢精神情緒狀態不佳（如憂鬱症、焦慮症、失眠、恐慌、躁鬱症等）的朋友中，不難發現一致的情況——這

些人都有腸胃道相關的症狀。在中醫理論中有所謂的「胃不合則臥不安」，這絕不是巧合；我們老祖宗幾千年的智慧，早就發現腸和腦之間的關連。在印度阿育吠陀稱之為「太陽神經叢」的範圍，當中的相關症狀，如肩頸僵硬不適、睡眠障礙、心慌不安、遠離社交人群、胃口不佳、沒食慾、或吃完消化不良、脹氣、胃炎、胃酸過多或不足、十二指腸潰瘍等，與本書所提的乳酸菌在腸腦聯繫管道中，扮演重要的傳輸角色，不謀而合。

這些人的消化道菌相，確實都有相當程度的狀況，有待長期保養處理。然而這些因腸道壞菌佔優勢，以致精神狀況出問題的，卻是不容易溝通的，他們會一直固執在對自己不利的光景中；也就是說他們身體與大腦之間的神經迴路出現障礙，邏輯思考一直卡在小部分的神經迴路裡出不來。在此我就不提供處理方針，以免有違推薦序的角色；但我認為長期補充酵素、益生菌、益菌生，以養腸道的觀念是絕對的重點。

與身體和好吧！

我因為糟透了的消化系統及過敏體質，在經過一連串

的學習後，當然自己成為最佳實驗對象。其中的重建修復，需要絕對的時間、絕對的相信、絕對的耐性，執行成功後才敢當「教練」，勸說人們也才有說服力；自然，我那些惱人的症狀早就煙消雲散，不知去向了。

多虧陳立維老師這樣的精神人物，在前方引導佐證。謝謝他無私地將自己的經驗、體會和領悟，化作文字，讓我們得以少走些冤枉路。在我學習自然醫學的領域裡，他如同那位巨人，允許我踩著他的肩膀前進。

陳老師不管是寫書或演講，常說「身體是自己的，豈可隨便委託醫療任意處置呢？」你的身體應該是你最誠信的朋友，不會隨便背叛你的；一定是你對它不好，才會發生不和諧的狀況。重新跟身體和好吧！聽聽身體的聲音，將最好的給回身體。要和好也需要有對的「知識言語」跟「智慧的言語」。這本書可以教會你如何跟身體做最良好的溝通！

以愛為動機，
清醒做選擇

————希望樹社會企業股份有限公司董事長
嚴守仁

　　命好不如習慣好！而在所有的好習慣中，最基礎、最必要的就是保健養生習慣，因為沒有健康，就失去了實現一切夢想的根基。看完陳立維老師的《醫生菌》，您就會對自我生命的真正構成有大開眼界的啟發，您也會知道更應該用「當責」的心態與作為，以愛為動機清醒做選擇，為自己的身體以及和我們一起共生的細菌生態，做好健康的生命能量管理。有了健康的身心，您不僅可以自助也可以助人，在實現自己夢想的同時，也可以幫助更多人圓夢。

　　非常榮幸能夠為陳立維老師的新書《醫生菌》寫推薦序，我對斷食、腸道菌及酵素等保健養生相關知識的啟蒙受益於立維老師良多，認識立維老師、受教於立維老師並且親自實踐所學，包括均衡飲食、充足睡眠、適度運動及健康紓壓，近 5 年以來，我的體重從 91.5 公斤降至目前的 72 公斤，但減重只是表象不是目的，其實最受益的是身體在腸道菌的協助下，清理掉了許多堆積的毒素汙垢，也提升了身體的代謝能力與免疫能力。健康檢查報告僅剩下兩

項問題，一為有輕微地中海型貧血（遺傳），一則為尚有輕微脂肪肝（過去真的太胖了），身體健康的好轉趨勢印證了立維老師的智慧，讓我非常樂意藉此向各位讀者推薦立維老師及其最新著作。

但是，我有資格為此書寫推薦序嗎？立維老師畢竟還有醫學背景，而我是理工科系出身，所以要為這本書寫推薦序壓力不小，所以我又在市面上買了至少五六本國外作者談細菌、微生物的書，花了兩個月的時間進行了綜合（比較）閱讀，儘可能地為自己在此領域建立起足夠的背景知識（心智表徵，mental representation），再加上自己親身進行晨斷食、全斷食及服用益生菌等實際體驗，讓我的身體也能透過知行合一的實踐，真正受益於立維老師的智慧、受益於能量酵素、受益於全身細菌生態系統的協助，這樣子，自己的心才踏實到有一點點信心為本書寫序。

立維老師在「作者序」中分享了自己身體經歷優良習慣和能量管理的細微改變，並且指出了「這一段演變的關鍵語言是能量，如果用一個字闡述就是『菌』。」立維老師針對細菌這個全書的主題分成十章論述。讀者請仔細咀嚼立維老師的用心，有時候您會在他的字裡行間中，看見立維老師彷彿化身為細菌的代言人，為您揭開人們長期對

細菌誤解的面紗，有時您又會感動於立維老師的哲思智慧，也覺察到自己生命的某些部分開始甦醒，您更會看到許多立維老師對我們健康飲食以及養護腸道優質菌相的提醒。

立維老師在書中提到「我喜歡『身體農場』這樣的形容，把健康連結到大自然與農場的意境，把身體經營成自然農場，把我們所生活的環境經營成健康的農場。」這個觀念和我已經經營 20 年的生命教育志業「希望園區：為台灣這塊美麗的土地，營造良好的生命教育環境」理念不謀而合。根據我的實務經驗，我們若要促使大環境越來越好，務必要從自己的身心靈健康開始做起，而建立自身腸道優質的菌相生態，又必須依賴養成良好的生活與飲食習慣，在書中，透過立維老師的解說，您就會知道為什麼要在飲食中避開乳製品，您也會了解為什麼立維老師呼籲懷孕婦女自然生產以提供新生兒天然且完整的腸道細菌。

另外，我也喜歡立維老師在書中提到的「健康意識在本質上就是生態意識」的觀念。的確，我們體內（尤其腸道內）的菌相生態如果均衡優質，我們的生命就得以受到滋養，我們的健康狀態就會跟著好轉。就像我和一些關懷台灣農業與土地生態的好夥伴們今年起認養了花蓮壽豐鄉 193 縣道旁的無毒紫米田，這是一個「無毒環境擴散計

畫」，就是希望臺灣耕種方式，可以從原本的慣行農法（大量的農藥與化學肥料），變成以有機農法及無毒農法為主的耕種方式，讓農地及其周邊生態得以回復到以往生機蓬勃、萬物共生的狀態。農民以黃豆原料高氧醱酵及專利破壁技術處理製成的天然有機營養液，滋養了有利於紫米生長茁壯的 8 種土壤裡的細菌，而這些細菌就回過頭來發揮群聚共生的綜效，讓紫米的秧苗能夠在最優質的生態環境中成長茁壯。我們正在推廣「無毒環境擴散計畫」，希望讓台灣的可耕農地都能夠無毒而恢復生機，同樣的道理，我們也應該一起響應立維老師的呼籲，也要記得為自己的腸道優質菌相負起責任，不要再用抗生素、乳製品或是其他錯誤的食物來毒害自己的腸道生態了。

在拜讀立維老師《醫生菌》書稿的同時，越是了解細菌和我們共生在同一個生命生態系統、越是知道細菌菌相如何影響我們的腹腦（我們的腸道及其連結的高密度免疫神經系統），我就越清楚了解腦神經科學家丹尼爾·席格博士（Daniel J. Siegel,MD）在他的新書《心腦奇航：從神經科學出發通往身心整合之旅》中為心（Mind）所做的定義：「從涉身的（embodied）、存在於關係上的（relational）能量訊息流動所組成的複雜系統中迸現出來的自動組織

（Self-Organizing）作用。」

　　用比較通俗的白話來詮釋，也就是每一個「個人」都存活在由自己身體、他人及環境所構成的互動能量場中，心（Mind）就是由這個能量場域中的能量訊息流動，透過自我組織（能量重組）而產生。

　　這讓我赫然發現，如果我們認真看待和我們身體共生的龐大細菌族群，其實它們也是構成人類之「心（Mind）」不可或缺的重要夥伴，更是我們一起有意識演化的生命共同體！所以讓我們再次回到書中，聆聽立維老師的呼籲「真相一直存在，等待我們去擁抱它。」「老天爺早已賦予我們一種天賦，叫做健康，而且委託成兆上億的微生物來共同維繫這個珍貴的能力，就等我們來發掘，就等我們在人生修行路上逐一體悟。」

　　感謝立維老師總是充滿大愛的把他的真知灼見透過著作、課程、營隊分享到這個世界上，更棒的是立維老師更是知行合一的健康實踐家，在自己的保健養生習慣上不斷精益求精，以高度的恆毅力（Grit）來實踐他所體悟到的保健養生智慧。因為機緣巧合，您拿起了這本書，因為您聆聽到內心的聲音（可能也包括您體內上兆億細菌的共同吶喊），如果您也想要為自己、為家人的健康做出貢獻，也

許這就是您以愛為動機清醒做選擇的機會，好好閱讀立維老師的真知灼見，然後知行合一，假以時日，您一定能夠成為以身作則、自助助人、發揮正向影響力的健康實踐家！

甦醒

《甦醒》作者根路銘國昭:「如果,人類被我手中的病毒襲擊,那麼,人類早就從地球這個小行星上消失無蹤了。不過,這個病毒存在於自然界的時候,並不會採取這種殺戮的行動。它們的存在特徵是採取和細菌共生的睡眠狀態,只有在實驗中被紫外線照射到的時候,才會因為這種壓力而甦醒。」

甦醒

甦醒,是我的人生故事,也是我的健康故事。

很多關鍵的人,關鍵的想法,關鍵的決定,關鍵的書。

我的人生可能落腳在很多不同的地方,曾經計畫出國進修細胞診斷,最後可能落腳在醫院或醫學院的病理科。曾經思考深耕血液學,待在醫學院教學,最後可能當上科主任或系主任。曾經幻想擁有自己的音樂事業,也一頭栽進去,才剛起步,就已經因為財務大缺口而收手,經歷人生最慘痛的谷底。

谷底盤旋之際,有人邀請我擔任音樂雜誌社總編,我因而知道自己會寫作,也喜歡寫作。從評論音樂到評論棒

球，從評論醫藥到評論人性，最後體會到，要刮別人的鬍子之前，得先刮自己的鬍子。

曾經寫給別人看，說給別人聽，最後知道，最優先的是做給自己看，說給自己聽。至於別人，聽了、看了、知道了，他們還必須要有感受，能夠有感動更好。

不是科學家，不在實驗室工作，也不在研究單位上班，所以我寫的不是科普書，因為不在其位，當然不謀其政。這是一本談細菌的書，如果不是科普書，那是什麼書？從身體力行到以身作則，既然不是寫小說，所有內容都必須有憑有據，不能憑空杜撰，所以我寫的是健康書，是健康體會書。

讀者需要被滿足，可是讀者也需要被教育，兩者之間有權衡的空間，我為讀者設定了台階，也規劃好必須要的進階。我省去絕大多數的專有名詞與數據，這些從來都不是我的專長。我只企圖告知細菌在身體內的真相，然後期許你做，做什麼？做整頓腸道的行動，做補菌養菌的行動。

這本書能夠出版，因為台灣，因為我生長的家，因為這塊土地所帶來的福分，因為我的成長背景所給我的記憶支撐。所有我手上的參考資料，所有這些學者前輩所撰寫的健康叢書，不論是中文版還是英文版，不論是本國人還

是外國人，我確信自己從細菌和發酵所得到的庇蔭遠超越他們，生長在台灣，以及從身體淨化所獲得的體悟成為我的優勢。

　　一定要寫，這一直是心中的聲音；一定得分享，這是站在講台上的動機；一定要結緣，這是投胎來到人世間的願望；一定要結善緣，這是這十多年扮演健康實踐者與傳播者的心得。

前 言
01 菌相：最後一塊健康拼圖

《壞農業》作者菲利普林伯里＆伊莎貝爾歐克夏（Phlip
Lymbery & Isabel Oakeshott）：「俗話說『賺錢別怕髒』，
就是指骯髒的工作不怕沒賺頭。二十一世紀，畜牧業卻完
全顛覆了這句俗諺：堆積如山的動物排泄物，犧牲了整個
地球。」

　　「醫生菌」不是一種全新的益生菌，而是人類遺失很
久的養生概念，是在主流醫學主導的環境中，我們幾乎沒
有機會建立的養生態度。以菌為主的思想並不存在於多數
文化和環境中，利菌哲學也不曾穩固的在人類社會紮根，
細菌長久被定位在「壞」的負面形象，人類鮮少會深度自
省，願意承認細菌的壞都是源自於人類的壞。

　　細菌是善良的，細菌是懂得愛的，如果你已經接觸過
江本勝博士的水結晶實驗，也深信善念和水分子之間的良
性共振，應該沒有道理不相信細菌和意念之間的互動，尤
其當你也熟悉寬恕與仇恨之間的情緒消長。我打算透過本
書傳達很多關鍵的訊息，都和細菌相關，版圖超越了益生
菌，因為沒有所謂好菌壞菌，只有我們所創造的好環境或
壞環境。

　　被愛會衍生愛，被敵視會產生憎恨，生物體的相對關

係中，存在我們一般認知無法想像的微妙互動。當細菌進駐了我們身體，除非只是過境，否則會找尋適合牠們居住的環境，而且牠們渴望好好經營居住環境，長住之前，認識環境和熟識環境是必要的過程。我們把孩子送到國外就學，除了學習當地語言文化，孩子有機會愛上環境，也愛上外國同學，就在他們完全適應環境之後。

　　生物都具備適應環境的能力，當細菌適應了人體內的環境後，牠們扮演起環境志工的角色，協同免疫系統一起經營身體環境的整潔。常聽說「好菌多，壞菌就少」，這句話成立的背後還有細菌的意識和本質可以探討，壞菌是懼怕好菌，還是尊重好菌？還是壞菌本身就不壞，因為壞菌的前身也是好菌？當我們改變對於細菌的觀點，視窗一旦不同，所有呈現都將不同，細菌的好與壞都看我們怎麼看待牠們。

　　試著解構消化的內容，不難發現細菌無可取代的地位，各種食物的消化分解最後都由細菌承擔，細菌種類的消長都看我們吃什麼樣的食物。合理研判細菌分攤了肝臟胰臟的工作，同時也消化了免疫系統的工作，這些都屬於人體的本能，是原本就具備的功夫，是演化早已演練的默契。我所謂的養生態度就必須有重視細菌存在的基礎，從

來都不重視的即時開始補菌，已經有補充益菌的就持續養菌，養菌就是生活，就是飲食，就是在心念中疼惜體內的菌相。

養生必須回歸自然，必須迎合老天爺的原始創意，必須為身體注入生命，必須以生命滋養生命，這些都連結到我們的飲食和腸道的生態。舉排便的例子，這是身體的原始能力，是腸道和細菌共同合作的功課，如果習慣性仰賴外力排便，如果每天都得拉一條管子協助排便，就是違逆了身體的原始創意。我們應該透過養生習慣中還原身體的本能，而不是透過腦袋的創意去貶抑身體的能力。

再舉減肥的例子，只要很容易復胖的減重方式都屬於捨本逐末的嘗試，食量控制的方向沒有問題，飲食改變和運動健身的努力也沒有瑕疵，唯獨問題的本質很可能你一直沒有觸碰到。是的，健康的本質在菌相，所有我們為健康所做的努力都不能脫離菌相，這個聽起來或許抽象的名詞就是我們的腸道環境，是每一位對於遠離疾病有所體悟的人都曾經投資時間經營的體內生態。

重點扼要闡述本書的重點，呼籲即刻進行身體能量分配系統的改造，從補充益菌開始，從能量晨斷食開始，不論你的目標是改變體質還是遠離重症，不論你試圖清除

身體毒素還是延緩老化。懇請讀者建立超越醫療認知的視野，這不是治療，是長治久安的旅程，把近代營養學和醫療文明所遺漏的一塊拼圖拼起來，把長久放任所導致的身體毒窟清理乾淨。

前　言
02 上醫何處尋

《刻意練習》作者安德斯艾瑞克森、羅伯特普爾（Anders Ericsson & Robert Pool）：「任何領域裡最有效、最有用的練習方式都是藉由掌控大腦與身體的適應力，一步步創造出之前不可能擁有的能力。」

　　人需要被提醒，也需要被激勵，可是改變靠自己，持續進步也得自己督促自己。我選擇在醫療興盛的年代成為遠離醫療的倡導者，也選擇在書市疲軟的時代擔任筆耕者，冥冥中有一股力量在牽引我前進，一直有更高的視野在呼喚我，也有更多的成長空間在迎接我。

　　創業過，也一度是上班一族，我曾經在社會穩固的制約中載浮載沉，在別人設定好的價值體系中摸索屬於自己的生命道路。扮演養生保健推廣教育者之後，仔細回顧自己近年所接觸的人事物，驚覺舒適圈的殺傷力，也感嘆人們甘願隱身在不再進步的例行公事中。這種現象其實可以分離出多種類型的恐懼因子，這是我把人性和健康結合之後的領悟，都是恐懼在作祟，人們恐懼改變，也恐懼認識自己。

　　各種不變的生命價值出現在人們的經驗中，不論是靈性的歸屬或生命的圓滿，不論是生命價值的落實或事業的成就，健康終究是這一切的基礎，是不能忽視的必要前提。

可是當特定恐懼社會化之後，我們因為恐懼而繞道，我們礙於恐懼而逃避，深入分析恐懼的本質，竟然發覺強權的存在，竟然處處是裹足不前的儒弱。

我所謂的強權不一定代表專業或政治權勢，很可能是你身邊的人，只是因為頑固不靈，只是霸道到無法溝通。多數人都害怕陌生，可是竟然有更多人害怕熟識，這種說法其實並不合邏輯，我主觀認為這樣的熟識是一種誤解，真正的本質還是陌生，是懶於溝通，是不願意協調。人們恐懼病痛也來自於相同的邏輯，我提出兩個極度陌生的對象，一是細菌，另一是我們自己的身體。

實話是我們抗拒細菌的存在，這些微細生物的真面目一直在我們認知的遠方，除了不打算熟悉，也巴不得牠們被消滅殆盡。也難怪我們對於疾病充滿恐懼了，這是我努力迎接並且培育體內細菌生態多年後的體悟，除了清楚細菌的本質，也領悟到細菌和身體之間天衣無縫的合作關係，人類幾千年尋尋覓覓的長壽不老解方，正是你我從來都不願意敞開雙臂迎接的微生物。

細菌是演繹時間的高手，細菌是示範耐心的好手，細菌當然也是成就不生病境界的老手，證據在很多人的健康實證中，也在「聚量感應（Quorum Sensing）」的研究報

告中。聚量感應可以很白話的解釋，指細菌在聚集到一定的數量，確定佔據優勢才會聯合行動，或者擊退敵人，或者維繫環境整潔，相關研究證實了細菌之間的聯繫管道和傳輸分子，更確定了細菌和免疫細胞之間的通訊模式。我們可以從互利共生的概念中體會自然法則的精神，對應的顯然就是當今的醫病關係，以及充斥在社會每個角落的快速解決需求，現代人冷落細菌的結果，居然是失去了耐心。

　　長期沉溺在症狀的終端呈現中，我們所熟知的醫療體系顯然就是經營惡性循環的推手，大家都渴望有解決方案，而且務必是快速解決的特效方案。細菌被安置在何方了？時間都花在哪些事情了？原來人們對於急迫感的定義存在巨大的瑕疵，急迫感是長期不急迫的結果，急迫感是時間再充裕不過所壓縮出來，急迫感是不善於安排時間的最終承受。大家都很忙，大家都強調不急，缺乏危機意識在我的清晰圖像中，竟然是最終呼天搶地的前端演練。

　　給細菌時間，給身體時間，給健康時間，給自己時間。如果必須幾句話把我寫這本書的重點表達清楚，應該就是細菌與時間之間的微妙關係，應該就是重新安排自己往後人生的優先順序，讓有益菌在腸道穩定生存，也讓好菌熟練和免疫細胞之間的語言。養生保健最關鍵的態度就是從

容不迫的補菌和養菌，我個人所熱衷的酵素斷食和半日晨斷食正是進行補菌養菌的高效率程序，回應了大自然和時間的教義，也呼應了每日刻意練習所能營造的巔峰境界。

假如我是銷售者，我所銷售的絕對不是有形的商品，也不企圖銷售專業知識，而是很無形的態度。假如我是老師，我期望提升學生的紀律，驅逐不必要的恐懼，勇於挑戰自我，每天都生活在進步的喜悅中。這些似乎和健康無關的生活面，卻是養生保健最重要的後盾，令人難以置信的，這是腸道細菌和免疫系統最迫切需要的正量支撐，至於延緩老化和遠離重症的理想境界，那就不言而喻了。

邀請你用心閱讀，把自己的同理心安置在腸道細菌的位置，飲食和生活作息都請包容細菌的立場。會有那麼一天，發現到自己是異於往常的輕快與喜樂，察覺到自己居然可以那麼充滿自信，針對「上醫治未病」的解讀不再只是文字概念，而是意境的領悟。至於「上醫」，當然不會是過去所崇尚的名醫，而是轉而感念自己的身體，進一步對於體內那些肉眼所看不到的微生物，發自內心無比的讚嘆。

Chapter

01 立場 Ground

在防禦和生存需求中，生物持續進化。
在侵犯和勢力擴張中，生物持續退化。
這些生命學分，每天都在眼前上演。
學到了什麼，體會了什麼，
領悟了什麼，關係著未來。

01 當斷則斷，即知即行

《小麥完全真相》作者威廉戴維斯（William Davis）：「小麥不是一般的碳水化合物，就像核分裂不是一般的化學反應。現代小麥象徵人類最大的傲慢，相信我們可以改變與操控另一個物種的基因碼，只為了滿足自身的需求。

和一位年輕讀者見面，約在著名的連鎖咖啡館。我點了一杯咖啡等他，他一到，我問他要不要點杯飲料，他的回答很直接：「我不喝這種東西的。」對方沒有惡意，可是我當場有被棒喝的感覺，不是被羞辱，是自覺慚愧，可是這還只是開始。這位優秀的程式設計師完全不像一般年輕人經營生命的態度，不該碰的就不碰，不能吃的一定不吃，尤其當他告訴我晚上一定十點就寢，我頓時無地自容。

撇開我的身分和角色，讓我感覺羞愧萬分的關鍵是對方是我兒子的年紀，是年齡的落差提醒我應該重新檢視自己的紀律尺度。我總是在課堂上提醒學員時間的迫切性，我總是不斷在溝通中強化問題都在自我姑息和慰藉，我總是會提醒朋友要勇敢想像自己臨終前的意識，我總是知道要預先防範生命終了前的遺憾，居然，我還能容許自己內心存在「以後再說」的聲音。

想起兩年前的一次類似的讀者緣分，對方的身分是無

麩質料理作家，她也經由我的引介參加了淨化排毒活動，接受斷食的洗禮。律己甚嚴的人顯然不會把自己的健康委託給他人，我們所訴求的斷食對這位女士來說是駕輕就熟，當時的我還是把例行性斷食當作擋箭牌，不認為戒斷麩質對我來說有絕對的必要。現在回想，當時分明是大言不慚的把自己的紀律和戒律擺在前面，然後打開後門迎接自己的癮頭，我長期就是鍾情麵包和麵食的癮者。

　　我所陳述的正是所有眾生共同的問題，想要知道門道，知道了卻又不願意做，做也只是挑自己做得來的做，然後在內心深處想盡辦法合理化自己的懦弱，暗示自己永遠是幸運的那位。生命旅途有太多體驗真實人性的機會，講授斷食尤其讓我體會很深，一般回應的通篇說詞都是那不是人人都適合做的，有人宣稱自己還不到孤注一擲的時刻，有更多人直接把焦點轉移到我們所使用的材料，指稱這一切都是生意手法，都是為了賣東西。

　　我堅持見面說明有我的道理，我主張參加活動也是相同的思維，看到眼神就感受到誠意，見到面才有機會明白對方的起心動念。很多事情最終的結局看決心毅力，可是起心動念終究扮演決定性的角色。動機會影響成敗，這點我很堅持，百分百圖利自己的，最後肯定以失敗收場，只

看眼前好處的也會在時間拉長之後逐漸潰敗。

我的主題是眼光，或者說眼界，這是生命旅途所堆疊的啟示，這可是人類所具備最獨特的能力，也是人類最容易放棄的能力。我終於決定把麵食完全革除在我的飲食品項之外，是撰寫這本書的進修過程所凝聚的決心，其實是一種觀瞻，完全領悟小麥類飲食對於身體的傷害，過去解讀成特殊對象的需要，如今領悟到沒有例外。這個決定連結到本書後半部「絕對不拖累下一代的承諾」，不希望自己進入癡呆軌道，堅持護送自己成為凍齡的典範。

透過益菌養生超過十年，執行例行性斷食也有十年的經驗，這些都屬於人生重大的決定，來自於危機意識，也來自於我裝載了提早看到未來的視窗。我總是深信，所有癮頭的戒除都存在最關鍵的引信，不是慢慢形成，是當斷就斷，是知道就立馬行動。

捨得

如果問我最希望讀者從我的作品得到什麼，我的答案不會是「健康」這麼通俗，也不會是「改變」這麼簡單。我會希望讀者有機會悟到那個關鍵的態度，這其實是一個

生命課題，是我最希望和頻率接近的人一起深思探討的問題。通常我在斷食的第三天會進入這種狀態，完全融入「失去才是獲得」的境界，對於自己的決定與處境充滿感恩，非常清楚「捨」與「得」之間的奇妙關係，也明瞭人們最大的問題是不知道如何管理自己。

提到健康和改變，所有人的回覆都是願意，可是真正進入執行面又都是滿滿的不方便，事實證明，所有問題都一律回到慾望和恐懼。因為要才會害怕失去，因為貪才得面臨恐懼，人類的健康議題終究是這些既複雜卻又單純的人性議題。我點出人經常自我醞釀的矛盾，腦袋中既是疑惑又是堅持，既想要又不敢要，既想得到又唯恐自己沒那個能耐。

「休息是為走更長遠的路」，我在《初斷食》中把這句話形容成「為斷食量身訂做的一句話」，從字面上看，我相信多數人依然體會不到真正一段時間禁食所創造的境界。這是一種把自己所擁有的割捨出去的意境，也就是把一段時間的美食饗宴完全革除，不是失去，而是得到，類似於「捨即是得」的意境。真正用心執行斷食的人就能完全理解，因為看到，因為知道，我因此立下牽引更多人超越自己的宏願。

　　與其說這本書的主軸在細菌，不如說是回歸大自然的生命根源，從身體的立場去連結微細生物的生命態度，從健康的最終極境界去呼應造物主的最完美創意。回到我前面提到的「要」和「貪」，這其實是我在修行場域所悟到的生命道理，既然前行就走到終點，既然做就要做到極致，既然想要健康就必須確實遠離疾病威脅，既然想要幸福就得全力以赴，既然貪就貪最有價值的。

　　生命消耗了不少時間在醞釀，就期待那一刻的頓悟，就待最終階段的聚焦與努力。看著每一位充滿期望的眼神，心中總是燃起那種靈性互相感應的火苗，特別喜歡態度真誠的學生，也願意不計一切的教導陪同，因為，每個人都具備全力達標的動能。一旦停歇，這些頻率共振就會逐漸消弭，所以我不能停下腳步，不能停止說明，不能停止敲鍵盤，也就是說，不能讓靈感有消失殆盡的時候。

　　可是人畢竟複雜，價值觀的謀合是永遠不會終止的學分，每個人容許割與捨的尺度不一，而且差異的幅度很可觀。我個人在經營健康的道路中體會利己和利他的順序，更在利己的領空中拿捏「斷、捨、離」的分寸，在持續精進的過程期勉自己，回饋給每一位有機會踏上這種境界的緣分，而且不停歇的努力。

　　在讀者與本書頻率產生共振之前，我把多年的心得與心法先行分享，多麼希望大家都可望從中領悟到細菌的生存邏輯，然後對於自己的存在多一些責任的體悟。我們的存在有其終極境界，過程中完全是利他的元素和階梯，身體裡面的共生細菌就在示範利他的生存價值，多數人終其一生可能都沒有機會收到微細生物的教誨，殊是可惜。

02 利益糾葛

《姿勢決定你是誰》作者艾美柯蒂（Amy Cuddy）：「最佳狀態是從相信與信任你自己的故事而來，即你的感受、信念、價值觀與能力。」

私心

　　生活中存在一種經驗，關於是非，關於對錯，我們在過程中學習，同時成長。在承認自己有錯之前，我們一直在對的堅持中，「我是對的」是潛意識的一部分，也是主觀意識的大部分，即使都已經潰不成軍，在很多人的經驗中，「我」依然是對的。

　　只有時間具備翻轉意識形態的能耐，可以從每十年的區間中找到改變的證據，意思是少了時間的分母，不容易分析出不一樣的元素。何以如此，人何以如此堅持自己的信念，即使是完全缺乏證據力的主張或論述，這可是人之所以異於禽獸，是私心和立場導致人之所以為人。我所謂的私心不同於自私，是一種捍衛自己的本能，是忠於自己地域領空和價值主張的立場。

　　私心與立場不是人的專利，卻是在人的強力主觀意識

中被保護和鞏固，在人與人的互動關係中，不小心左右了
情緒，製造了愛恨情仇。在我的工作經驗中，則是迎合了
慣性，牽動了健康，製造出無法收拾的病痛。我似乎在強
調意識形態的殺傷力，的確是的，可能是商家立場，可能
是消費習慣立場，可能是對錯之爭立場，可能是固守既得
利益的立場。

　　企圖透過本書交出實證，也期許有緣讀者得以進入實
證，這一切都拜超越立場而得以看見，都是超越是非對錯
之後才有機會進入的境界。最常觸碰到的兩造對立應屬傳
統醫療和自然醫療的主體論述，在保健營養領域則屬品牌
商家之競爭，個體戶或消費者不小心就掉入主觀立場的拉
攏，見風轉舵之餘，不知自己為何而堅持，只知道自己應
該是對的。

　　過去的堅持很有可能變成今日批判的對象，過去的
信仰很可能已經不堪一擊，一旦私心依然掌舵，一旦立場
無法超越私心，我們永遠都在尋找下一個更理想的處方，
或答案。不是不能有私心，也不是要刻意掩蓋私心，是學
著把私心擱置一旁，是學著不讓私心干擾到關注他人的真
心，是練習不讓私心牽動了宇宙的自然律動。

　　這是一種經驗值，經年累月在提醒我，即使更辛苦，

即使很痛苦，更大的圓滿總是在遠方的某處靜靜的等候。我所謂的健康實證提供了這些體悟，很果敢的拿掉私心的影響範圍，體悟到身體意識真實的存在，也體悟到細菌意識的無所不在。「顧全大局」乃身體意識的中心思想，「從長計議」乃細菌意識的不變主軸，這是順從身體邏輯的詳實體悟，這是經營健康不能不具備的思考軟件。

就從「獨善其身」和「兼善天下」之間的分野做結論，把自己照顧好是第一步，可是進一步把自己照顧好就得從關照他人而獲得力量。如果每個人都舉起一支大旗，上面寫著「我願意幫助你」，然後在表情和肢體動作中展現絕對的信念和熱誠，這種「捨我其誰」的態度都複製自最渺小的生物：細菌。

召喚

懇請讀者很平常心的看待這種分享健康心得的人生觀，老天爺早已不只一次的透過真實案例提醒我：起心動念果真牽動事情的最終結局。你是真心誠意的伸出慈悲的雙手，還是單純反應情勢的從善如流，總是一清二楚的被記錄下來。我沒有聲討他人的意思，全然是反求諸己的驅

動，在將心比心之餘，回過來檢討自己的急迫感和積極度，自己做不到的，如何能要求別人？

　　從對方的立場思考和研判，個案一直增加，即使干擾因素不盡相同，結果一律都把急迫性擱置，結果都是把照顧身體的事情安置在最不急迫的角落。我曾經在書上以「我們都把錢花在什麼地方了」為題探討消費行為，你可以坐在便利商店內統計一天之內大門開關的次數，也可以觀察三個樓層的咖啡店裡座無虛席的盛況，當然這些日常生活的消費行為也早已濃縮聚集在醫院的地下樓。

　　一坪 200 萬的房子買得起，一部 200 萬以上的車子到處都有人買，一天提撥 500 元養生卻消費不起，這種現象都沒引起你進行價值信念的重整？我企圖透過本書提升細菌在讀者心中的份量，也企圖顛覆掉非常多不應繼續存在的主流思想，在人類所搭建的價值體系中，有多少是既得利益者強迫輸入我們的腦袋，造成多少人類浪費了金錢和生命，最後血本無歸，甚至連生命都葬送掉的？

　　類似的價值觀可以被絕對大多數的人接受，唯獨形成不了信念，就是空有想法而沒有做法，空有價值觀而擴大不成價值信念。何以如此，因為人們習慣透過腦意識決定重要順序，而大腦經常失焦，而且又健忘，又習慣合理化

自己的不當行徑。我們過去對於身體無止境的折磨，不要說去年和前年，甚至是十年之前，其實是連上個月所發生的都忘了。這可不是「放下屠刀，立地成佛」的意境，是過往胡作非為的累積，是毒素無邊無際的堆疊，是疾病蓄勢待發的醞釀，如何能一筆勾銷？

我因此提出「酵益、紀律、持續力」為現代人邁向全健康的三大主軸（請參考《零疾病，真健康：不依賴醫生的 80 種方法》），有感而寫出《健康是一條反璞歸真的修行路》一書，深知引導健康習慣的養成方為上上策，持之以恆努力才有機會進入終極境界。談不上先知先覺，我也是在持續進修的過程中接受更高意識的指引，在實踐的路程中出現超凡的體悟，進一步感受到來上蒼的召喚。

回到利益，也回到立場，再度把私心拿出來量秤一番。所有健康問題一律都回到兩大區域的利益糾葛，在本書的其他章節將陸續討論到兩個腦（大腦和腹腦）的對立和爭執。這時候的私心就面臨重新定義的窘境，是大腦意識所認定的私心，還是身體意識所主張的私心，誠望讀者都已經收到我的明示和暗示，答案就是我曾經在電視訪談中解釋的一段話：「懂健康的腦是腹腦，不懂健康的腦是大腦」。

Section

03 從分別心到優越感

《我們只有10%是人類》作者艾蘭納柯琳（Alanna Collen）：「人如其食，更重要的是，你的細菌吃什麼，你就會變成什麼樣。每當你要吃東西之前，先為你的細菌想想，它們今天會希望你吃什麼呢？」

刷細菌的存在感

擁有博士學位的人和完全不識字的人在一起，一個人說話，另一個人聽話，合理研判是博士說給不識字的人聽。有沒有可能，博士很虛心受教的聽對方講道理？可能性不是沒有，問題是博士真的誠心被教導嗎？我舉這個例子沒有針對性，這是一種常態，發生在我們生活周遭，學歷製造出等級，被人類創造的位階真實的存在。

喜歡一個人沒問題，討厭一個人也不能說反常，鄙視一個人就很值得分析探討一番。很直覺的瞧不起一個人，可能來自於第一印象或既定印象，可能資訊來源直接分類或者打了分數，在人類歷史上的記載，可能膚色或穿著就是界定的標準，或許種族和學歷也參與了評定，人們習慣分類，也分等級，也分優劣。

分別心屬於人類的本能，來自於意識的基礎辨識力，分別心創造了羞恥心，創造了慾望，創造了貪念，創造了進步的動力。如果這就是人，人就是要這樣，應該沒有什麼好討論的，可是如果分別心也創造了崩解，同時創造了毀滅，意思是生命中的所有不順遂和困境都和分別心相關，那就有深入了解的必要。

歷史上記載了不少這樣的人，我們生活周遭也不乏這樣的人，他們真誠關心他人，他們的生命價值建立在別人的快樂與圓滿上，他們為別人付出，無怨無悔。你可以想像有人花一生的時間和積蓄為動物請命嗎？我有幸參與《和平飲食》作者威爾塔托博士（Will Tuttle）的講座，明瞭真正關注生靈塗炭是什麼樣的境界，明瞭外表看似平凡的人如何擁有超凡的靈性位階。

「我相信，在我們生命最深的層面，我們都渴望與生命的源頭，在靈性上真正結合，直接體驗內在的本性。」這只是《和平飲食》裡面的簡單一段，很清楚表達所有生命體都沒有區別的意境。我有意識到靈性意識可以被喚醒，在用心關注他人與環境的過程中，分別心的地位在動搖，同理心的溫度不斷升高，對於生命的所有試煉會有所了悟，造物的遊戲規則屹立不搖。

在我求學的年代，我自己也在分族群的行列，穿著
台灣大學的校服就高人一等，進出醫學院的就是高級知識
分子，其實從高中就被學校的分班清楚的教育這種價值，
有機會上大學的進入升學班，不考慮升學的直接分到放牛
班。這種最原始的階級分類在我在社會打滾一階段之後出
現變化，如果成功可以連結到財富，那麼學歷與出身背景
終將被現實生活的財富實力一棍子打趴。

我就是那個常態自以為高級的人，不刻意表現，這種
思想因子就在我的血液中流竄。現在回想起來，我的家庭
背景連結自己一貫接受的價值教育，注定把我引導成一個
徹底的失敗者，因為這是一種完全不知道尊重別人的價值
體系，套一句現代語言，就是刷出自己的存在感，別人的
存在不是太重要。

需要細菌是我們的共同點

我在生命與健康的世界中探索，有機會意識到所有問
題的根源，就是「我是我而你是你」的分別心。這個議題
的重心在尊重，對他人、對其他生命的尊重，在生活中，
在職場中，在廠商與客戶的對應關係中，在工作的合作關

係中，在愛的真諦的實質演練中。在本書的涵蓋範圍，很
重要的，我試圖穿透到我們與身體內生態的互動關係中，
還有我們看待細菌的觀點中。

　　我發覺這個視窗是生命價值的核心，是一個人有沒有
機會獲致健康的關鍵，這種健康法則就是生命圓滿法則，也
是致富法則。在我周圍的所有呈現中，對宇宙與生命抱持豐
富心法的人都是身心靈全方位健康的人，只是我所謂的豐
富心境還必須涵蓋對於微生物的真心接納，對於我們每個
人的身體都是由細菌所組成的事實，必須打從心底臣服。

　　看過丹麥拍攝的一支詮釋「我們（Us）」的影片，主
軸就是「共同點」，我和你的共同點，你和他的共同點，
我們在不一樣的訴求中，連結到完全不一樣的對象和族
群，結論就是在我和你屬於完全不同個體的事實中，接受
我和你本質沒有不同的事實，人類必須把階級柵欄徹底屏
除。從生命的本質和價值分析就很明朗，每個人的組成都
一樣，這即是探討細菌世界的對等視野，每個人都由細菌
大軍所組織，每個人的生命都仰賴細菌生態的運作。

　　這是我對於養生保健的最終體悟，在尊重他人和尊重
身體之前，我們最必須研修的學分竟然是尊重細菌。尊重
細菌的層級超越了對人的尊重，我們肉眼看不到它們的存

在，可是它們實實在在生存在我們的四周和身體裡面，它們的生態牽動著你我所生存的環境，我們不只要對人們沒有分別心，對於細菌，我們得真心關愛，而且用心把愛傳達給身體裡面的細菌家人。

健康在身體裡面，療癒在身體裡面，平等在身體裡面，平衡在身體裡面，尊重在身體裡面，我在身體裡面，你也在身體裡面，沒有了分別，也就沒有了疾病。藥物的研發世界中充滿了人類的優越感，抗生素的不斷進階就是分別心在作祟，在競爭的世界中不會有永遠的勝利者，對立的心境製造出兩敗俱傷的結局，在殺菌與滅菌的軌跡中，健康就好比處在一個伸手不見五指的朦朧空間。

在充滿階級意識的環境中學習尊重，在處處講求消毒殺菌的觀念中尊重細菌，相互尊重是生存的根本。在自我健康驗證的道路上，在學習並講授健康的經驗中，結合了宇宙的共鳴線，開啟和身上所有生命體共存共榮的生命道路。

04 人是面子，細菌是裡子

《生食，吃出生命力》作者維多利亞柏坦寇（Victoria Boutenko）：「當我們開始質疑我們的信念，會發現數千個不再反映我們現今生命觀點的想法，接著我們可能會清楚的看到這個情況是如何的形塑我們的人生，為其添加了無助和沮喪。」

進化給足了我們面子

打開動物頻道，不時會看到河馬與鱷魚在泥水中活動的畫面，假想這樣的實境就在眼前，我們也不致於大方的跳進水中玩樂，怕被生吞嗎？或許是，把動物全數隔離之後，還是不願意嘗試，因為河水實在太髒了。假設有一個人進入這樣的河水游泳，還吞了不少水，結果身體完全沒有任何異樣，也沒有發生細菌或血吸蟲感染。能想像嗎？

不是要討論這個人身體有多棒，也不是要分析河水的水質，而是有必要打破既有的框框，即使是蠻荒與文明兩種大環境的差異，還是得整合出一個道理。一個真相得在此浮出，認為髒水就導致感染生病，認為觸碰骯髒就應該被汙染，這就是今天為何人類要淪落到被恐怖的病症折

磨，這就是今天文明人依舊沉迷於高級智慧，依然執迷不悟的地方。

根據長久被教育的思考模組，也因應我們越吃越講究，事實是越吃越遠離健康原始點的現況，我們的體內酵素的確有不如河馬和鱷魚的情況，抵抗力也屈居野生動物之下。這裡所稱的酵素，是指當場可以支付運用的體內酵素材料，就大量食用熟食的現代人來說，酵素庫存隨時都處於兵疲馬困的窘境。這樣的匱乏也連帶影響到免疫系統，畢竟免疫力是耗費酵素的戰力，是隨時都處於「執行公務」狀態的身體運作。

至此你可能會產生荒謬甚至挫折的感覺，因為我們研究很多，聽聞很多，學習很多，最後連自己的免疫力是怎麼荒廢的都不知道。這個主題一定得聯想到癌症，這是人類發明創造的病症，就是設計了一套窮兵黷武式的「抵抗力削弱法」，然後設計一套讓情緒沒有出口的「恐懼憂傷法」，都是發現錯了之後，然後將錯就錯。

每當我把話題帶到生食與熟食的分野（重點在以熟食為主食所衍生的「級聯效應（Cascade Effect）」，就是身體各個系統組織的能力級數持續在崩解，因為能量的供應系統就是這麼有限的運作，吃熟食導致身體必須提撥大量

的能量資源給消化），我經常得回覆我是否已經吃全生食的問題。如果健康就是一翻兩瞪眼的非黑即白，我不吃全生食或許就值得商討，因為這個議題還不單是生食熟食的問題，而是能量供應與製造的問題，同時是腸道菌相的問題（請參考「烹調與菌相」）。

面子的毀滅足跡

我承認吃全生食是高門檻，可是真的沒有必要不分青紅皂白的反對，也不需要搬出一堆中醫理論來駁斥，根據身體的能量運用，這個方向並沒有錯。因為害怕改變既有的習慣，人們為自己的膽怯找台階，因為只願相信自己原本所相信，因此滿是傲慢。在我的人性課堂實戰經驗中，到處都是面子的足跡，也到處都有因為他人的脫逃而留下來收拾殘局的畫面。

還記得我開始在課堂中討論生食議題，沒有人反對我「提高生食比例」的說法，既符合身體運作大方向，而且保留尊嚴的空間。隱隱約約有一把劃分對錯的尺在我們意識中，一旦出現幸福被剝奪的威脅，一旦記憶中的美好被批判甚至掠奪，這把尺就會出來裁決是非對錯，而且第一

個念頭就是先採取敵對。這種經驗你我都有，幾乎都是無意識的反應，我們選了邊，篤定站在對的一方。

多少為反對而反對的行為人，沒有意識到自己他正在進行人性的掙扎，即使是吃素的抉擇也面臨類似的狀況，堅持不會吃素的人總能列舉一堆了吃素的缺失。問題一旦不是一分為二，不是生食熟食的選擇，不是吃葷吃素的取捨，就剩下「比例」的問題。自己擔任法官當然勝任愉快，永遠做出對自己最有利的判決，曾經十分贊同我所謂「提高生食比例」的人，如今有提高些許生食比例的人恐怕不多，堅持自己「絕對少量吃肉」的人，最終會忘了他說過這句話。

這種情節總是讓我聯想到在商場上殺價殺紅了眼的商家，寧可賠錢也不能丟臉，寧可夜半難眠也不容許在排場上輸人，至於一陣廝殺之後，最後收拾善後的是誰呢？容許我再提網路端的轉貼動作，我沒有對錯的評斷，單純強調「送出」這個簡單動作的動機，完全不需要求證，也完全不用負責任，通常都是「看起來很有道理」或「很震撼」，接下來就是好幾百人收到這個文件，不誇張，一星期之內是上萬人的實力。

我把範圍縮小到與健康有關的訊息，光是有一位女士

在演講時心肌梗塞倒地的影片，從台北傳到上海北京，我確信觀賞人數快速破萬。不討論對當事人家屬的不尊重，我的疑問是轉傳此影片的心態，我請問這樣做的意義何在，宣導心梗的可怕嗎？轉傳的人自己真明瞭嗎？真有概念嗎？有執行方案嗎？自己確實實行嗎？

我在「面子教育」體制下長大，很熟悉這種心理素質，自己也長期見證這種文化和心態對健康的殺傷力。「面子教育」其實就是表面功夫教育，就是短視近利教育，不論是競爭也好，相互討好也好，為了擊敗對方或是取悅對方，我們都會表現出不完全真實的一面，因為不真實，最後犧牲掉彼此的良好關係，因為不務實，健康也在這種情緒素質中流失。

人體血流中的代謝物質有四成來自細菌，人體的神經傳導物質也有不少來自於細菌，如果是細菌主動，釋放出來的都是經營面的訊息，不論是穩定情緒，或是對免疫細胞的提醒和支援。收拾我們吃進去的食物殘渣的是細菌，因應我們的飲食習慣而必須調適生存力的是細菌，每天伴隨著我們的排泄物而大量損失的是細菌。我們當然不曾聽到細菌的抱怨，也不曾知道細菌是多麼的鞠躬盡瘁，多半的我們，意識中沒有細菌的存在，甚至認為最好它們也不

要存在。

　　在健康的超級範疇內，是面子重要，還是裡子重要？
到底哪些價值只是打腫臉充胖子，哪些才是實實在在的基
本面？

05 一條線的思辨

《我們的身體想念野蠻的自然》作者羅伯唐恩（Rob Dunn）：「人類承認自己是地球上極其複雜精密的物種之一，但同時又幻想著物種之間複雜精密的交互作用，只會發生在其他生物的生態圈中，或其他生物的體內。」

坐井觀天

　　從點到線到面，是一種幾何圖形的改變，也是一種成長，在我們的人生閱歷中，視野的改變和格局的突破都是成熟的過程，都是進階的路徑。至少，在我個人的人生路上，我不斷反觀到自己過往的幼稚和迂腐，看到那隻不知為何而忙碌的無頭蒼蠅，看到那位自以為清高的少爺郎。這是眼界不停擴大的景觀經驗，看到別人的無明，想到自己的無知，看到天空的遼闊，想到井底那隻青蛙。

　　在高中即將升學的階段，我一度認為不打算升學的都是放棄自己的人，當時的我，沒有辦法思考到每個人不同的生活背景，更不可能看到人生有更大版圖的空間，老天爺安排好每個人最恰當的位置。原來人都有類似的成長軌跡，當眼界大開，智慧就有機會被開啟，除非你堅持不改

變，除非你是從不願意變更思考模式的人。

　　扮演健康諮詢者之後，人的思考習性清晰的在我面前呈現，聽得懂或不懂不是重點，程度好壞也不是重點，是那一條思考直線讓我擔憂，是非黑即白的線性思考令人同情。那種補充什麼身體就會得到什麼的觀點，形成一種營養補充的廣大迷失，迷宮擴大之後，最可怕的不是該給身體什麼，是勒令身體不能接觸什麼。

　　我總是會聽到「癌症病人不能吃生的」、「中醫師說我不應該吃生冷的」、「水果太甜會讓我的血糖飆高」等，就在我們主張應該怎麼支配身體的時候，我們的腦袋當家，從學者專家的腦袋到我們的腦袋，全然忽視身體的能力，也無視於細菌的努力。這種局面已經發展到無法掌控的集體偏見，都是主張，都是認定，都是我說了算，都把身體當成實驗室裡的試管。

　　人類存在一種直線式的互動模式，我專業，所以你必須聽我的；我書讀得比你多，所以你必須聽我的；我的輩分比你高，所以你必須聽我的。看起來很合理，如今卻發展成為地球的危機，人類太容易相信所謂的科學，太信任研究報告，太崇尚由文字所表述的知識，反而忽略了實際存在的各種變數。

細菌的一條防線

　　生態是環境與時間的整合，問題是時間的演變創造了變數的翻轉，尤其當環境是無邊無際的空間，我們所無法預知的碰撞就會發生。所謂碰撞，還必須含括人類的私心和傲慢所聯手演出的災難片，此時此刻，還是有在動物身上打抗生素的養殖場，還有分區噴灑農藥的蔬果農人，把自己吃的和進入通路的分開耕作。

　　生態無垠無涯，人體的生態亦然，就複雜程度而言，應該會有不少科學家願意承認人體內的可變因素更繁複於自然界。就在認真計算食物的熱量時，我們輕忽了身體內的能量儲存系統，這個系統牽涉到已經啟動的脂肪細胞，也牽涉到腸道內的細菌生態，當然也和身體各器官組織運用能量的方式相關，這就是人體生態內的變數。指望靠運動和減少食量減肥的人，如果有感於成效不彰，不是能量儲存系統僵化了，就是那一條線的思考模式該淘汰了。

　　曾經有電視購物台主推降脂肪益生菌，這種功能性益生菌有其科學根據，也有足以說服人的理論基礎，可是銷售訴求一條線的思考，不管有沒有效果，最後就是訓練一批遠離健康本質的人。或許是廠家的起心動念，或許是消費者

的短程需求，兩者交織成目前社會上各說各話的心得見證，影響的不只是全民的健康，更是生命基本價值的淪喪。

我們所欠缺的是正向心法，是把人生目標長程運行的態度，是在生活中練習以及培養健康習慣的決心。我必須再強調一次生態的定義，或說意義，裡面最重要的組成是時間，時間是累積的，是不會中斷的，不是一時興起就成立的，更不可能要一星期見真章的。生態是環境，是隨時處於不穩定狀態，也隨時有在力求穩定的自然力量，就人體的正常運作，必須是一種習慣，來自於很積極主動培養好習慣的態度。

很少人願意很誠實的面對自己的過往，不是一年、兩年，而是十年、二十年，甚至倍數於此，這麼長時間的放任與蹉跎，突然對身體提出一小段時間撥亂反正的要求。人有時候不是很明理，在對資方要求「錢多、事少、離家近」的時候，竟然會忘了從資方的立場看自己的資格，問自己「我憑什麼」其實不會很刁難，應該也不致於嚴苛，畢竟只有自己最清楚自己有幾斤幾兩。

後果有近因，也有遠因，人們習慣忽視遠因；目標有長程，也有短程，人們喜歡經營短程，心中則幻想著美好的長久。在傳銷事業說明會現場，主講人的倍增數字轉

換成金錢數字時，現場來賓的腦筋開始進入自己的成功景象，承諾的時間越短越容易轉成執行的動機。「羊毛出在羊身上」朗朗上口，套到自己身上，竟然不明白「凡走過必留下痕跡」。

有一種老師聚焦在學生有沒有聽懂，有一種老師只聚焦在把課講了交差領錢；有一種銷售可以現買現賣，口才可以決定業績量；有一種銷售則完全從心出發，沒有感受就不容易成交。一句話可能影響人的一生，這句話可能來自說話者一生的體悟，也有可能是昨天晚上才背熟的業務話術。最好反覆求證，驗證方式是觀察他，是講他聽到的、知道的，還是講他做到的。

從身體的版圖分析健康本質，從身體各大系統之間綿密的互助互補，存在超越三度空間的規格，加上近十年人體內細菌群系的實力被逐一證實，健康的範疇絕對脫離不了細菌的角色。益生菌屬於實證科學，是養生保健大趨勢，因應生物體的生命本質，生理或心理，遠離了細菌，就遠離了真相，遠離了腸道，也就遠離了健康。如果健康議題存在一條線的是非思辨，這一條線就必須是細菌的角色，更妥當的說法，是細菌的地位。

Chapter

02 群聚 Pack

來自細菌的提醒：

沒有團體，哪有我的空間？

團隊不在，我憑什麼立足？

你重於我，他重於你，他們重於我們，

他人的福祉才是我的福分。

01 部落興衰

《微生物的巨大衝擊》作者羅伯奈特（Rob Knight）：「你的 DNA 有 99% 和坐在你隔壁的人是相同的，但是你的腸道微生物並非如此，你和旁邊的人大概只有 10% 是相同的。」

另類器官

養殖業使用抗生素已經不是新聞，假如你身為業者，資訊很明確，藥品來源也不是機密，認知上只有好處，沒有壞處，你沒有道理不做。所謂好處，就是只要些微劑量打入動物身體，動物長得比較快，而且體積也增大，是增加獲利之舉。

商人的思考如果只到獲利了結，只要通路與客戶都很穩定，只要繼續降低成本，就是穩賺不賠的生意。實際上事情不可能這麼單純，不論商品是不是吃進人的肚子裡，一旦東西有傷害人體的事實，這種生意的存廢就面臨考驗。在動物肉品內的抗生素會不會對人體產生傷害？如果有傷害，那麼傷害是局部的、還是全面性的？

思考養殖動物身上的抗生素效應，動物身體是因此起

了變化，關鍵在動物腸道的菌相起了變化。研究微生物的學者已經把動物的肥胖連結到人類的肥胖（請參考《不該被殺掉的微生物》），由抗生素所引發的肥胖效應已經是一種現象，代表人體的腸道生態早已經因為抗生素的浮濫而大幅變動，代表合理推斷現代人的肥胖趨勢和抗生素脫離不了關係。

這其實才只是半個世紀的演變，抗生素發現者佛萊明絕對不會料到今天的局面，探討影響層級，抗生素所營造的境界已經不可同日而語。腸道優勢菌叢被形容成一個另類的器官，因為其整體功能性完全不遜色於其他器官，其重要性已經和其他器官並駕齊驅。我要一再提出最誠意的呼籲，重建腸道菌相絕對是當務之急。

嚴格說，影響腸道菌相的因素還不只是抗生素，避孕藥和其他藥物都榜上有名，抗生素的破壞力來自於些微的劑量，也來自於醫療方及食物供應商的多管道輸入。菌相改變之後，我們的對食物的品味將改變，意思是我們喜歡吃的食物變得不一樣了。千萬別忽視這種來自於菌相的食慾驅動，這也是我透過這本書重複呼籲讀者明白的「消長」，來源除了食物和藥物，還有我們的念頭和慾望。

星星之火可以燎原，這句話如今很適合用來形容現代

人的腸道生態，由於人與人之間的距離縮短，加上食物的多樣化和藥物之間的交互作用，甚至情緒壓力也加入了煽動菌相的戰局。喜愛脂肪的菌種一旦掌控了腸道領空，局面就形成口腹之間的供需，而肥胖只是外相上的呈現，身體因脂肪和毒素囤積而引起各種文明病，就是今天現代人很真實的處境。

吞膠囊說不上時尚，卻很應景，益生菌被填充進了膠囊，人類把細菌當成食品吃進肚子裡，只為了更健康。這些取自於人類腸道的細菌，不，比較正確的說法是取自人類糞便的細菌，被益生菌研究單位分離培育，然後進入消費者的腸道。我不試圖把這種現象形容成正途，或許這就是探討為何人類必須這樣亡羊補牢，或許也是到了回歸腸道本質的時候，或許迷途知返也是造物保留給人類的一種技能。

補菌也得養菌

我不知道你聽到膠囊裡面裝填的是幾百億的益生菌，這個資訊距離現在已經多久了？或者這就只是一則資訊，和你的生命從來就不曾發生過關係？我比較希望你已經是

常態性補充活菌的人，最好你已經不再懷疑是否應該繼續這樣做。多半不願意花錢補菌的人是因為不確定是否把錢花在刀口上，也沒有把握這些細菌是否正在肚子裡面開心的繁殖著。

　　我認識一位自己發酵製菌的益生菌業主，他告訴我每一次出貨前，他都會很用心的叮嚀他生產的益生菌，好好出去照顧使用者的健康。對於他的做法我沒有絲毫懷疑，我指的懷疑不是懷疑他真有這麼做，是懷疑這樣做有沒有意義，有沒有成效。事實上不光是細菌聽得懂人話，花草樹木也會聽人話，生物之間存在心念的頻率互動，愛的光譜可以穿透地球所有物種。

　　談到益生菌的商品化，不免就會聯想到這樣的問話：「你的菌有多少億？」這種問話內容每每讓我聯想到「早餐不是很重要嗎？」甚至於「不是吃飽才會有力氣嗎？」以及「醫生不是說抵抗力差的人不能吃生的？」我想藉由本文強化我寫這本書的動機，我認為每一位企圖遠離病痛的人都必須先行建立一種觀念態度：不要去背數字，不用去記專有名詞，不需要成為口頭上的專家，只要力求改變，只要持續做，只要不間斷的去檢視身體的回應。

　　自己家裡養寵物，你認得牠，牠也認得你，你知道

牠是哪一品種，你也可能知道牠來自地球的哪個地方。至
於我們肚子裡的微生物，你或許記得廠商告訴你有哪幾種
菌，問題是總共有多少數量，不是包裝上面說了算，要看
這些菌的存活能力，要看這些菌能否在你身體裡住下來，
要看你有多少本事減少牠們的折損率，要看你的身體是否
從代謝效率上反應了這些菌的實力。

　　與其養成補充益生菌的習慣，不如說我更期望你有提
供益生菌食物的配套措施，也就是補菌之餘，也得改變飲
食習慣，這是補菌行為上絕對相得益彰的態度。我這樣的
呼籲同時在呼應那些不願意被商業市場征服的對象，身體
內的微生物部落需要我們從基本生活面去善待牠們，食物
才是養菌的關鍵，遠離添加物和精緻料理才是治本之道。

　　研究微生物的學者提醒我們，在我們身上的微生物群
數量龐大，遠遠超過我們身上的細胞數量，身上細菌的基
因數上百甚至上千倍於我們的基因。當基因定序技術用在
細菌的研究上，結論也是明白告誡我們應該臣服於這些小
生物，蛋白質胜肽與神經傳導物質的相關研究，也逐步揭
露身體內微生物與我們之間的共通性，白話一點說明，就
是細菌懂身體的語言，身體也清楚細菌的訊息，我們和細
菌之間共用傳導模式。

　　現實是，我們生長在腸道健康狀況不如往年的時代。今天的環境或許不單純是飲食習慣的問題，過去的年代或許可以不當一回事，但如今不理會這件事就得顧慮風險的存在。細菌原本就是造物派駐在生物體內的健康管理師，牠們認得免疫細胞，也認得生物體內的傳導物質，因為這些訊息的傳遞方式都從牠們演化而來。

02 螞蟻與細菌的鬼斧神工

《群的智慧》作者彼得米勒（Peter Miller）：「即使螞蟻做事的方法看來混亂，但卻成就非凡。牠們無論是規劃快速通道、建造複雜精巧的巢穴、發動大規模的侵略行動，短過程中沒有領導角色，也無須規劃行動策略，牠們甚至也沒有任務的概念。」

空調大師

曾經，住了十多年的房子決定整修，我在清理物品時，打開一個幾年未曾開啟的底層抽屜，意外發現所有文件剩下碎紙片，最驚恐的是翻開紙片所看到的景象，是滿坑滿谷的白蟻和已經不存在的抽屜底板。我對於空間的流動有所體悟應該從那一刻開始，任意堆積之後擱置，最終形成死寂，病痛不也就從毒素長久堆積後開展？潮濕空間疏於整理，白蟻遲早會找到合適牠們生存的環境，腐敗菌在腸道內大肆繁殖，不也是拜滿佈腸道空間的食物殘渣？

如果我們可以對這些必須趕盡殺絕的昆蟲另眼相看，不看牠們的破壞力，反過來檢視環境的敗壞，或許你對於百思不得其解的健康疑惑，會感到豁然開朗。是我們自己

習慣不好，是我們對自己不停擴張的慾望姑息養奸，是我們透由美好記憶來定義是非對錯，是我們習慣暗示自己與眾不同，我們很難承認，其實是我們太懶惰，是我們創造了不利健康的環境。

　　嚴格說，我們更應該深入明瞭白蟻的生態，牠們是如何分工，又是如何建造在人類的級數是需要建築師執照才蓋得出來的蟻窩。「蟻丘內部分隔成許多空間，有蟻王蟻后的專屬房間、牠們後代的育嬰室，還有裝滿糧食的儲藏室。」這是《群的智慧》作者彼得米勒在書中的描述，如果我告訴你，蟻丘內還有養菌室的配置，你到底應該要訝異，還是直接仰天長嘯，驚嘆造物的無所不創意？

　　在我的記憶中，養菌室屬於專業單位才有的空間，我知道發酵工廠有養菌室，醫學院和研究微生物的專業單位都需要設置養菌室，至於白蟻的城堡內配置了養菌室，進一步讓我們對知識與行動的距離有所體會。白蟻體內需要有特殊菌種來協助消化纖維素與木質素，牠們沒有細菌與酵素的專業常識，卻有培養細菌的行為，牠們的意識就是積極的工作，為了團隊，為了群體，而必須努力奉獻。

　　其實蟻類提供給我們太多的思考方向，除了消化與細菌之間的絕對關係，還有在生活空間中為未來的生存未雨

綢繆，以及那種無怨無悔的積極態度。可是在研究白蟻的專業學者眼中，這群為我們生活空間製造困擾的昆蟲，最令人覺得不可思議的當屬蟻丘內了不起的空調工程，那條輸送氧氣的導流管道，那個為群體生活品質而精心設計的空氣對流系統。我必須在這裡暫停，把細菌和白蟻放在天平的兩端，牠們之間的相異點何在？單細胞和多細胞嗎？只思考一件事：我們是不是太小看細菌了？

我們都看過螞蟻搬麵包屑，也都見過食物或飲料殘留被蟻群侵占，基本上這樣的局面在眼前出現，不刻意殺死牠們，可是現場清理之後，螞蟻的屍體接著大量進入排水溝。不需要為犧牲的小生物哀悼，牠們就是為生存前仆後繼，應該說牠們也懂得逃生，可是牠們卻不懂得貪生。如果真要疼惜生命，就把焦點擺在每天和我們同進同出的身體寄生菌，在每日例行排便過程中，好菌的流失真的無關痛癢，也完全不在觀瞻之內。

進化的風險

我們討論了白蟻蓋超級別墅，真正在我們的生活周遭普及化的是螞蟻窩，蟻后負責定點交配，然後產卵，出生

的螞蟻隨即投入興建中的工程。我們可以想像埃及金字塔
的施工盛況，也可以想像中國萬里長城大興土木的偉大畫
面，都需要集結大量人力與心力才能蓋得起來，而螞蟻群
體投入工程的畫面可是一點也不遜色於人類的血汗工程。

　　想強調的是人和蟻的差異性，人會偷懶，螞蟻不會；
人會累，螞蟻不會；人會計較，螞蟻不會；人會耍心機，
螞蟻不會；人的複雜意識拖累了工程品質和進度，螞蟻不
會。結論是，人會生病，而螞蟻不會，這顯然不屬於進化
的議題，合理研判，也不是退化的表徵，畢竟人不應該比
螞蟻還低等。根據《最衰者生存》作者雪倫莫艾倫的理論，
天擇在進行演化的同時，一種更迎合生存力的基因表現可
能就攜帶了更脆弱的風險，難道人會經歷各種病痛是天擇
的意思嗎？

　　在情勢逼迫下，我們似乎很心甘情願向天擇繳械，
如果優秀就得承擔被忌妒的風險，如果實力堅強就得接受
容易被暗算的機率，可是天擇的意思不是如此這般。雪倫
莫艾倫的分析有其科學根據，她指出生存與繁殖是一刀兩
刃，一個物種的進化可能形成其他物種的生存壓力，每一
物種在找尋自己的生存方向時，都得承受其餘物種為了生
存所反向加諸的風險。所以進化的風險存在於基因內，最

明顯的是我們對於頻率的覺察能力已相形見絀，尤其對於味道和聲音的感知能力。

還有一種面相，是人在增加思考認知能力的同時，也相對增加比較與競爭、忌妒與取巧，結果最高級物種呈現出最低等的執行力表現。這屬於人的意識和心性之間的迴路，我們的思考決定了態度，態度又回去干擾思考，尤其在意識框架的牽動下，負面思考和消極的態度便成為主導神經訊號的因子，這是一種外人都無能為力干涉的生病路徑。把生病形容成一種習性，聽起來也許不太適應，可是綜觀人類的病痛軌跡，的確會看到「處心積慮」的足跡，相信就連千方百計想幫忙的細菌都會感嘆不可思議。

母體在幼兒離開子宮的第一時間就請細菌大軍負責迎接，母親乳房所製造的第一滴母乳就置入了高效價的乳酸菌，大自然透過這明確的訊息，開啟了每個人一生與細菌之間密切牽動的關聯。細菌或許沒有在人體內大軍建造城堡，可是牠們所釋放出的傳導物質驅動了人體的內在平衡，牠們協助清除腸道廢棄物質，深化腸腦訊息聯繫，重點總是在全人類的集體意識中，在你我的思想認知中，牠們的付出爭取到多少的關注。

Section
03 叢林交響樂

《生物世界的數學遊戲》作者伊恩史都華（Ian Stewart）：「真正重要的並不是 DNA 是什麼，而是 DNA 在做什麼。我們不妨來嚴肅看待生命現象，把生命的形成看成一種數學挑戰，並思考我們需要發展什麼樣的數學來瞭解生命。」

同步

我住在台北市一個不會有土石流威脅的山邊社區，當初看中這個房子主要是因為有個社區大花園。還記得住進來的第二天早晨，我張開眼睛，看到窗外的綠色天然景觀，心中充滿喜樂與感恩，要不是當初覺知到必須結束不賺錢的事業，賣掉原本的房子還債，我絕對不會有機會來到這個都會中的世外桃源。

一直都知道，生命不順著老天爺的法則走，是不可能一帆風順的，而所有的不順遂都是因為我們太有主見，都是因為我們偏離了正軌。當然，沒有犯錯，哪來正確的覺知？生命的決勝點總是在那個該停下腳步、承認錯誤的時刻，身為最高等生物（如果是的話），認錯總是高難度的

挑戰，人類的自尊心在這一刻永遠不會缺席。

真相是寶藏，可是人們往往分辨不出寶藏何在，真理被發掘繼而公諸於世的過程，經過幾十年的反覆驗證是很正常的。驗證的故事都不會平淡無奇，發掘真相的人經常得被聯合批判，因為真相而將損失利益的人集合起來，不計代價的毀滅真相。歷史已經詳實記載，就連這一刻，我們都還在見證人類最自私的演出，目的是為了讓真相永遠不會見到陽光。

我理出一條探索健康境界的軌跡，應該從醫療的對立面探討健康真相，也應該從最微小的單細胞生物去分析身體內部的生態，還得從人類內心最底層的灰暗世界去分析疾病的形成。其實，我還另循不走常規的思考方式，由於演出機率太高，感覺比較像是統計學。就是住家週邊環境引導我進入昆蟲的協同世界，不去理會那隻每天只會獨自製造呻吟聲的貓頭鷹，我喜歡不同頻率的蟬鳴和青蛙叫整合成的協奏曲。

同步（Synchronicity）是一種奇妙的自然現象，不同頻率的自動整合成相同頻率，有點類似在群體中引導打拍子，或者是把已經混亂的節拍調整成一種節拍。在我曾經閱讀的書籍中，研究類似生物現象的學者還不少，昆蟲、

鳥類和魚群的同步現象都被整理成電腦程式，這些學者都認同動物沒有個體意識，只有團隊意識。

透過同步，我們感覺到喜樂愉悅，這是整齊與秩序所帶來賞心悅目的感受，也是音樂豐富精神生活的一種面相。熟悉演唱會文化的樂迷都知道把演唱會帶入高潮的全場同步歡唱，靠演唱會賺進大把銀子的歌手都至少要有一首可以貫穿全場神經傳導的歌，同步透過旋律表現，是最完美的頻率共振。我把叢林的樂團引進健康世界，是深信身體裡面也不停在進行同步，尤其是由細菌所主導的主旋律。

乳酸菌與人體的同步化

乳酸菌在我們體內的角色不單是一般認知中的整治腸道功能，和免疫細胞之間的訊息傳輸早在科學家的掌握範圍，更明確的說，牠們在腸腦聯繫管道中扮演重要的傳輸角色。腦神經科學家花了幾十年的時間研究腦腸迴路，就是來回身體與大腦之間頻繁的神經迴路，身體的訊號被解讀成情緒狀態儲存，心跳加快和呼吸急促都是表現方式，現代人最有感的肌肉緊繃也是身體轉換情緒的一種方式，出現疼痛感就是壓力累積過量的表徵。

在談到腸腦迴路時，要強調的是細菌的重要角色，是細菌的代謝物質介入了我們的神經迴路，是腸道菌相、情緒和身體的症候之間密不可分的關係。早期在表述乳酸菌在腸道的各種功能表現時，學者與商家都知道乳酸菌參與了維生素和血清素的生成，對於乳酸菌與情緒壓力紓解的關係卻很陌生。

鳥群和魚群很整齊的行動，侵略者一旦入侵，隊形被迫改變之後，很快又回到穩定的狀態。我們有理由相信類似的同步群體也在細菌的行為中，這屬於生物界的頻率溝通方式，想像自己腸道內的細菌群系正快樂的整合舞步，突然食物團陸續下來。細菌在干擾下，為了生存，於是只得習慣在環境變動下進行生存、繁殖以及從事和免疫細胞之間的同步整合。

以乳酸菌的食物類型和健康腸道菌相研判，缺乏纖維素的精緻肉食和加工碳水化合物的確干擾好菌的生存，這樣的干擾以餐為單位，或以天為單位，可以預言腸道黏膜組織的負擔與病變傾向。進一步想像一劑抗生素壓陣，接下來又一劑，整個療程對於腸道細菌群不只是干擾，而是達到殲滅的程度，好比叢林中出現怪獸，一時之間所有動物紛紛走避，蟲鳴鳥叫變成驚恐的警告聲，屍橫遍野之餘，

生物的同步化完全停歇。

　　如果你對於身體的傳導迴路為何騰出一個角色給細菌感到疑惑，首先，我誠懇建議你不要再把細菌當成外來物，牠們一旦進駐身體，就變成忠誠的守護者；其次，我們也應該想想每次大快朵頤之後，在腸道無氧環境為我們的嘴饞行為收拾殘局的是何方神聖。是的，不管我們怎麼吃，吃對健康有利的或不利的，身體和細菌絕對整合出同步頻率以完成清運廢物的任務。對於讓環境生態更臻美好，細菌從未缺席，牠們參與了你所做的每一個決定，尤其是滿足口慾的抉擇。

Section
04 共生

《最衰者生存》作者莫艾倫、普林斯（Sharon Moalem、Jonathan Prince）：「科學家認為天擇是由環境所控制的，但突變從來就不是這樣。突變是意外，只有當意外是有利的，天擇就發生了。」

禍福相倚，實質共生

很少思考福禍之間的關聯性，直到幾年前在一系列的禪修課程，老師不只一次以另一位老師的美豔舉例，強調只能滿足一位追求者的風險，就屬那無法預測的失戀症候群。老師試圖解釋業力沒有所謂絕對的好與壞，從反方向解釋美好的事情，可能得到完全對立的結果。正反兩面經常只是一牆之隔，長期透過絕對的二分法評論事情的人，經常會在事物的研判上失去準頭，在真真假假的人生路上踢到鐵板。

就我個人來說，願意換個角度看事情，是有點歲數之後的改變，其實也屬合理，更換視窗本來就需要一點人生閱歷。青壯年時期，我為自己設定的生命課題是成熟，因應自己年輕的莽撞幼稚，中年之後，逐漸轉移目標在價值，

因應格局的放大與人生觀的調整。整體成長過程一直都在削減「我」的立場，有感於團隊裡面各個角色的不可或缺，除了努力經營自己的價值，不忘學習對他人立場的尊重。

適應是生物天性，存活是生物本能。在人的組合中，每個位置都可以替換，每個角色都可以遞補，唯獨團隊的向心力不能打折，彼此之間的信任感不能削弱。團結合作是生物對於生存的基本體悟，互利共生是所有生物都謹守的法則，從觀念到行為，存在著一以貫之的道法。

共生是一種不能撼動的存在，是自然界之所以和諧，是季節交替之所以流暢，是生命之所以生生不息的基礎。就人類的視窗，共生是態度，是責任，也是一種修行境界。

在人類聚集的地方，有機會清晰分辨出眾生相，各種品德都可望找到落腳的足跡，因為自己走過，我尤其留意傲慢的足跡。傲慢很顯然有層級之分，因為我往謙卑的方向尋找，依然看到傲慢不著痕跡的顯像，這除了是一條修行上坡路外，也是一段修鍊健康的階梯路。

健康就藏匿在傲慢的高牆後面，每個人都必須先經歷這道關卡，越是高傲的人越是看不到問題的解方，越是放不下身段的人越是打迷糊仗的高手，就越是身體糟糕到無法形容的人。這樣的人同時是團隊中要角的機率很高，他

們身居要職，是意見領袖，最難為之處總是在他們心底深處，自視甚高，也高深莫測。當他們聽不進別人的意見，當他們認為團隊是因他而存在，當團體在他們眼中只是陪襯的時候，一座高山的崩塌將可預見。

共生，就是我長久體會到的健康邏輯；謙卑，則是我所見證到的健康景觀，是在健康路上持續精進的內在心法。謙卑心成就了共生，同理心造就了共生，在人際關係中如此，在身體內在呈現也是如此。透過共生法則撰寫健康故事，人人都能體悟到那一大群微生物的重要性，那幾百兆細菌所組織而成的共生大隊；人人都有機會在共生的思考邏輯中赫然覺悟，在邁向遠離病痛的大道上，我們如何能忘了細菌的存在？我們何來本事能拒絕細菌的協助？

人體與細菌，完美共生

在人類醫療發展史上，細菌的地位可謂日趨低落，看到已經尾大不掉的白色巨塔高高聳立，在醫療意識的領空內，細菌一旦被判定「違法入侵」，「格殺毋論」是多麼容易執行的命令。在民眾的觀念中，一支「生菌勿入」的招牌主動高掛，家中食物和器具全數都貼上「殺菌」、「滅

菌」和「無菌」等標籤，在歡迎強效藥物的潛意識中，同時幻想著住在「無菌屋」的完美境界。

　　經過醫療的社會教育，民眾的腦袋意識留下細菌和癌症兩大地雷區，避之唯恐不及。有點類似在醫學院研修過微生物學和病理學之後的心得，本質上是學習，卻意外製造恐怖行銷。我不能說醫療體系存在恐嚇的意圖，可是整體系統的運作氛圍中，絕對不乏因為私心而刻意置入的元素，因恐懼而創造的商機是絕對可觀的。

　　我個人觀察一般民眾的觀念態度，相較於對於人體和健康本質的理解，必須很沉痛的說出實話，幾乎所有人都選擇走相反的路，甚至不惜跳火坑。當你知道製藥系統不為人知的黑洞，同時又目睹民眾的無知和盲目，總得要想想自己到底能夠做點什麼。民眾吃藥的行為好比肚子餓吃一碗麵一樣平常，每個人都把醫生的話當成是聖旨來遵守，很少人願意透過超越性的視野，看看遠離醫療的世界是如何。

　　我想藉由這本書提醒讀者，你為了健康所採取的每一個行動，都必須回歸到腸道與細菌的版圖，如果沒有，如果不是，那麼請你審慎評估其必要性。我們都在推廣環保意識，也都知道維持地球原始生態的重要性，我們也都知

道現代科技與養殖業所造成的溫室效應，所以都應該具備生態意識，而健康意識在本質上就是生態意識。

打開窗戶，在不遠處就會看到樹木，我們生活周遭需要這些綠色植物，這就是生態，植物的代謝和動物的代謝取得穩定的平衡。再往植物的根部和動物的身體探索，生態圈繼續擴大到微生物的層級，這些我們肉眼所看不到的世界實質上成就了生態平衡的基礎板塊，當人類持續剝奪微生物的生命權，地球就將出現更大的危機，我們所熟知的「大自然反撲」就是這個道理。

人體仰賴細菌建構了特殊的生態系統，我們的身體就好比一個大自然風景區，各個器官組織都是各具特色的景點，每一個器官都提供給各自的微生物群居住，除了皮膚、呼吸道、腸道外，陰道及胃都屬於有特殊菌種守護的區域。我們的飲食習慣牽動了菌種的變遷，菌種的多樣化狀況也影響了我們的生理'心理表現和我們的體味，牽一髮而動全身。

互利，還是先求安身立命？

聊起人的際遇，不時會有人說出「人各有命」的感嘆，

的確，每個人都有各自的人生道路，可是單純從生命本質與生存動機分析，人除了經營自己外，還要經營別人。問自己是為自己而活，還是為別人而活，有可能連自己都答不出來；問自己關心公司的營業狀況，還是比較關心自己的薪水能否領得到，可能就會出現參考的基準。

拿出對錯的量尺，這種思考邏輯又會陷入各說各話的情況，其實只是價值觀的排序，該顧生存的時候顧生存，該把眼光放遠的時候，就先割捨自己的權益。這是連細菌都懂的道理，我體會到細菌的所謂好壞，都屬於人的意識標準，其實根本沒有所謂好菌壞菌，都是人創造了環境的變動，令細菌為了生存而轉換生命力方向。

說白一點，壞菌之所以壞，是我們逼牠們變壞，壞菌之所以大量繁殖，是因為我們創造了適合牠們生存的生態，是我們縮減了牠們原始能力的生存空間。所以當我們在教材中把腸道細菌作分類，從好菌、壞菌和中性菌的名稱中，我們又真正學到了什麼？當我們告訴學員「腸道好菌多，壞菌就少」的時候，我們又真正做了什麼？懂了什麼？如果我們從來都沒領悟這種現象背後的始作俑者，如何能明確自己的改變動機呢？

幽門螺旋桿菌就是最寫實的例子，好端端的胃黏膜寄

生菌，在人類飲食沒有精緻化與多樣化之前，也許經歷了好幾百世紀的安定與平靜，幽門桿菌與人體免疫細胞之間通力合作，沒有任何一方失控，也不會有胃黏膜組織的破洞。我們直接跳過近幾十年的突變與演化，回顧這十來年的致病菌標籤，一方面審視幾大藥廠針對屠殺幽門桿菌的抗生素研發，另一方面統計所有被胃潰瘍折磨的個案。

必須為幽門桿菌說句公道話了，牠們單純從互利共生轉成利益共生，必須先把子子孫孫的生存權照顧好，這樣就已經罪不可赦，而且連誅九族，幽門桿菌情何以堪？順著人類將幽菌定罪的邏輯，所有為了生活費用而必須去上班工作的人都是社會的敗類，而且公司營運不佳，虧損連連，所有員工都得連坐，不僅沒有薪水可以領，還要分攤公司的負債。

有時候觀察人類的行為也可以連結到健康價值之所以淪喪，就在責任感教育幾近收攤的時日，同時看到處處都是把不健康的責任歸咎給他人的示範。其實每一種生物的生存畫面都在為我們做利益他人的演出，大自然的生態永遠都在為我們示範互利共生的境界，一切都應該回歸自己的內省和修正，就從為身體內的細菌著想開始改造起。

05 細菌地球村

《不該被殺掉的微生物》作者馬丁布雷瑟（Martin J. Blaser）：「生態學理論告訴我們，身上寄宿細菌受打擾最嚴重的人，也會是最脆弱的人。萬物皆平等，但是氣喘病患、肥胖者等患有現代瘟疫的人折損的風險最高。」

旅行者腹瀉

　　在寫這本書之前，我去了紐西蘭旅遊，試圖讓自己放鬆，也蒐集一些素材和靈感。地球有太多美麗的地方，常去的中國和日本都很美，台灣也不乏美景，紐西蘭的美或許可以形容成美的平方，有時候美到極致，你已經無法評量。去到紐國這個乳品王國，吸引我的依然是各式的優酪乳，就是細菌和乳品在無氧環境結合的成果。

　　我還是必須坦白，在紐西蘭吃到第一口優格而大讚好好吃那一刻，我有點虛榮，可能心情好，也可能是紐西蘭的細菌逼我這樣說。好吃的優格到處都吃得到，中國大陸隨處都買得到，日本也可以吃優格吃到飽，反倒是回到自己的家鄉台灣，我不會熱衷購買優酪乳，原因無它，身邊的發酵成品太豐富，光是液體酵素和活菌已經可以滿足我

的能量需求。

可能是手邊的資糧少了，心理作用促使我養成出國吃優格的習慣，可是我很確定對優格的渴望來自於我的腸道意識，為了滿足身體的多樣菌種需求，也滿足沒有負擔感的口腹之慾。站在反對喝牛奶的一方，我這種行為似乎有自打嘴巴之嫌，《不生病的生活》的作者新谷弘實醫師之所以反對吃優格，我相信立足點在發酵的源頭是牛乳，還有他對優格愛好者腸相的觀察。

我不鼓吹大量吃優格，除非你的材料是豆漿，我想利用優格的議題談談我的健康中道，如果是常態性經營腸道能量的人，如果是懂得維繫紀律和秩序的人，過多的規矩限制是沒有意義的。這種言論還是會聽到開後門的指控，民眾喜歡追逐黑白分明的教條式規範，可是在我所接觸的經驗，強勢戒律永遠只是束之高閣的心理慰藉。

畫面就回到我們一家人在紐西蘭超市挑優酪乳的時候，印象中優格協助我們順暢的排便，由於時差和行程緊湊，吃得又比在家裡還多，優格真是消化道絕佳的緩衝。想起我年輕時幾次登陸異鄉的體驗，經歷輕微的腹瀉基本上就是正常狀態，那是完全沒有保健思維的年代，也是完全不知道應該要照顧腸道的階段，想到擁有健康自信的此

刻，嘴角不自覺的揚起。

　　「旅行者腹瀉」是很多人的經驗談，不至於到不堪回首的情況，有觀念的人就視為理所當然，沒有觀念的人就繼續抱怨飯店的食物不乾淨。如果我透過傳統的觀念解讀這些經驗，「腸子差」或「體質敏感」等形容都會出籠，我們對於空氣中看不到的細菌完全沒有意會，對於腸子裡面突然來了這麼多種訪客也完全沒有心理準備。

　　或者，因應時代的變遷，「旅行者腹瀉」也該出現全新的解讀，這是我近年觀察旅行人口的心得，這是觀察全球各大城市機場的合理結論，撇開特殊氣候因素，地球村的整體菌相應該已經更妥協與融合了。地球很大，世界走不完，可是在旅行業界的視窗中，台北、加拿大與台北、巴西唯一的差別不是距離，只是直飛與轉機的差異而已。昨天還在冰島看極光的人，今天已經坐在辦公室主持會議，時代已經帶領人類跨越時間的柵欄。

多樣性補充益菌

　　曾經，我也大力主張本土菌種的重要性，從補充活菌的立場，這個基礎不會變動，尤其針對從來不走出自家出

外走走的人。可是問題不在我們自身的立場，不是不接觸世界這麼單純，因為世界會向我們靠近，因為世界已經沒有距離。意思是，如果你經常出國，我會建議你多樣性補充益菌，我相信美國、德國、日本都有不錯的品牌，當然因應時代趨勢，還是以活菌為主力選擇。

題外話，選擇益生菌只要謹記幾個要點，銷售人員不夠專業一定不要買，找名人代言的不要買，誇大療效的也不要買。補充好菌或許是本書的一個結論，在我個人的行為準則中，的確佔據相當地位，可是在我的細菌藍圖中，這件事卻又是那麼的微不足道。補充的動機前提是腸道經常性的被干擾，礙於我們吃熟食的環境，也礙於我們吃的食物多半不足以提供益菌快樂繁殖的饗宴。

多樣化需求是人類的一種天性，既然各國的美食都在方圓幾公里之內範圍，既然全世界人種都走在我們所熟悉的大馬路上，我確信腸道生態也逐漸在適應細菌的進化。每當一種疑難雜症在你自己身上浮現，我說的是真的沒有跡象的病症，那種醫生都得開立很多檢查項目的病症，麻煩就直接聯想到自己那單調與孤寂的腸道，好好反思那個毒素與糞便囤積很久的空間，就是那個缺乏多樣性微生物生長的黑暗倉儲，因為惡化已經到了盡頭。

　　請不要小看個性上的潔癖，也不要輕忽性格上的頑固，你可能就是對於潔淨特別講究的人，你可能就是對於腸道微生物學說無感的人，請務必跟上現代人腸道環境的經營趨勢。就因為飲食發展趨勢違逆自然，文明人的腸道生態普遍不適合友善細菌的繁殖，治本之道才得拉回身體內的微觀世界，這就是造物交給生物體的生存法則。

　　當一位終其一生研究微生物的學者說出「讓孩子多多玩泥巴」，千萬不要當作玩笑話；當「糞便移植」拯救長期被慢性病糾纏的個案持續增加，千萬不要以「這個世界瘋了」批判這樣的議題。玩泥巴可以是一個重要健康議題，健康人的糞便菌相議題相信會一直研究下去，我相信你多吃發酵食物會是一個簡而有力的方向，或者每個月提撥購買益生菌的預算也是不錯的選項。

凡走過必留下痕跡，凡吃過必留下囤積。

Chapter

03 土壤 Soil

一股能量從土壤竄起，進入植物的軀幹。

一股力量從腸道分出，進入全身的細胞。

農夫對土壤陌生，種不出好作物。

人類對腸道陌生，病痛遲早敲門。

忽視細菌的存在，忽略細菌的功勞，

人類遠離了健康。

01 塵歸塵，土歸土

《微生物搞怪學》作者班巴拉克（Idan Ben-Barak）：「當我們大限已到，入土為安，體內那些含有硫的胺基酸分子就會被細菌分解成硫化氫；另一個開心一點的管道則是，我們的腸道中也有細菌將蛋白質分解成硫化氫。所以說，下次房間裡又飄來那股可疑的氣味時，就怪那些細菌吧！」

身體農場

　　經常要面對個案的異常狀況評估，我最終的結論中總是保留非常大的空間給「菌相」，這不是我發明的名詞，也不是什麼新鮮的概念，意指「腸道的細菌生態」。比較為難的地方是，這個結論無法三言兩語說得清楚，因為沒有人會在第一次聽到這個名稱時完整意會，即使嘴巴說懂，也頻頻點頭，絕對還是一知半解。

　　我只能說，我們人類的生活變數超級可觀，你可能在一星期之內吃進去超過十種干擾腸道正常菌相的東西，進出醫院一趟也會影響菌相，出國一趟也撼動了原始的平衡。這樣說吧，我們的飲食中存在各式的添加物，肉類食物中的抗生素也經常是意外訪客，而常態性的腸道恐怖分

子則非乳製品和麵包甜點類莫屬，一陣子的飲食習慣失控就很容易形成腸道慢性發炎，最後只能和門診大夫大眼瞪小眼。

　　我期許能透過本書強化幾個和健康相關的重要因素，簡單歸類成習慣和環境，如果用動詞來詮釋，就是經營，就是正向積極的執行。經營要有正確觀念的明辨背景，要有強力執行的決心和動機，至於成敗的關鍵都落在你能否堅持。談到成敗，我個人還不一定有資格歸類在成功者，就在完全戒除小麥麵粉製品和乳製品之際，我承認長期為咖啡館的咖啡添加物開啟姑息的大門，也懺悔自己沒有在老天爺召喚停止麩質類食物的時候，第一時間出現智慧的回應。

　　積極的養生態度絕對成就菌相優質化，所謂積極包括勇氣和承擔。舉乳製品為例，乳製品是致癌物的說法應該不是新聞，我不打算為這種論述背書，畢竟癌症的成因複雜，我個人的領悟，個性與人格特質才是罪魁禍首。可是不把乳製品當成主食是必要的堅持，在我所接觸的個案中，很多家長拿不掉對牛奶根深蒂固的倚賴，不願意相信乳製品是小孩過敏的源頭，他們或許也永遠不會知道未來的病痛都和盲目的堅持有關。

　　我沒有把話題扯遠，我們的腸道需要在好習慣的孕育中培養出優質生態，好習慣不是幾天，是很長一段時間，是經年累月。習慣必須連結到喜樂，而且沒有風險，沒有危害，在我個人的養生心得中，好習慣還有堆砌自信的美好意境。我的心得分享，細菌是塵，腸道是土，「塵歸塵，土歸土」在此是養生的提示，是腸道健康圖像的描繪，不是告別式的專用術語。

　　菌相決定了我們的健康，心理和生理，也決定了我們死亡之後，身體是如何回收給大自然的。我在十年前的作品《益生菌觀點》中舉過一個特殊的案例，再為讀者回顧這一段菌相與沒有生命現象的人體之間的關係，那是發生在 1995 年 12 月 21 日的美國航空哥倫比亞墜機事件。

塵土行動

　　只要是碳水化合物的愛好者，只要是精緻甜食的喜愛者，腸道就成為一個封閉的釀酒中心，含酒精成分的物質不斷被製造出來，必須要關注的不是酒精和肝臟的負擔，而是菌相的演變。我不是強調肝臟負擔不必重視，而是我們都會忽視飲食習慣與腸道菌相之間的連結，那是無法切

割掉的綿密關係。

　　話題回到那位墜機中喪生的機長，他的腸道被驗出強力酒精反應，單純是食物與細菌的合力作品，發生在一具沒有心跳的人體內，因為少了最會湮滅證據的活體肝臟。屍體有其順應菌相的腐敗過程，殘留食物首當其衝，接下來就是腐敗菌傾全力經營發酵與繁殖，這也就是微生物鑑識學者概念中的所謂「身體農場」，就是廣義的菌相，超越腸道空間的全身體細菌群系。

　　探討所有人類現代慢性疾病與腸道菌相之間的關係，相信稍微用點心，你的思考脈絡會出現一種頓悟的感動。當健康邏輯脫離了腸道，也遠離了菌相，不就是現階段社會上的九成健康論壇，包括民間的所有道聽塗說，包括每一位在醫院求診病患與醫生之間的大多數對談。我強調的是治療邏輯所引發的無止境迷宮，都是在身體發出嚴正警告之後才必須因應的對策。

　　「身體農場」這樣的形容，把健康連結到大自然與農場的意境，把身體經營成自然農場，把我們所生活的環境經營成健康的農場。身體農場的經營概念是你身體內的細菌吃什麼，你就得吃什麼，讓細菌主導我們的飲食，而不是腦袋習慣掌控吃的品項。細菌在空氣中，在食物表面，

在我們呼吸與大快朵頤的每一刻，細菌是塵土的一部分，我們的身體接納塵土，也歡迎塵土，這是健康的一種面相。

地球可以沒有人類，卻不能少了細菌；當一個人體停止了生命跳動，體內的細菌卻仍持續進行周邊物質的轉換和運送。美國航空那位機長的飲食肯定不是我們所尊崇的典範，他遠離了發酵食材，或許也不常食用優酪乳，在自助餐早餐也捨棄了生菜沙拉的路徑，透過現代先進的保健觀點，他絕對是需要每日補充益生菌的族群。

讓腸道回歸細菌的天堂，讓食物滋養細菌的繁盛，讓塵歸土，也讓土擁抱塵。讓「塵土行動」成為你的養生法門，讓體內細菌的多樣化成為擁抱健康的信念，讓天然的細菌食物成為每日的桌上佳餚，也讓發酵食物成為豐富身心的天然禮物。這不是理論，也不是學問，是行動，是習慣，是尊重細菌生態之後，腸道菌相所回應的健康信念。

會有那麼一刻，你對於身體所呈現的症候百思不解，在去除壓力與情緒垃圾等因素之後，摸摸自己冰冷的肚皮，想想自己對於身體內的細菌是多麼的殘酷，思考自己對於菌相概念是多麼的冷漠。這一切，其來有自，因與果很清楚的連動，責任當然不是細菌，還是那堅持不求甚解的因循苟且，以及眼見為憑的頑固不靈。

02 艱苦卓絕的蘋果傳奇

《危險年代的求生飲食》作者約翰羅賓斯（John Robbins）：「時至今日，我們選擇吃什麼食物，不只關係著個人生活以及健康品質，也影響地球的命運，我們的一言一行都牽動著它的未來。」

錯是對的暖身

小時候聽句踐復國的故事，學習到「十年生聚，十年教訓」的道理，在缺乏人生歷練的幼年，「臥薪嘗膽」對我來說，只是一則歷史故事。十年可以是盲目的摸黑前行，也可以是有計畫的匍匐前進，兩者都符合我的人生經歷，我曾經誤判形勢，還好沒有太偏離法則。犯錯是有價值的，可是總是被是非對錯牽絆，導致人生到處充滿了險峻，在我的經驗中，一般所謂的犯錯其實都是正確的暖身。

「邏輯」這個名詞不代表就是真理，可是我們卻經常借用它來表達正確的思維，至少我都這麼用，所以對於健康本質的頓悟，我興起了「身體邏輯」的解讀運用。我深信身體不會犯錯，即使是自體免疫疾病在很多人概念中的所謂「錯誤攻擊」，即使是癌症病人身體所經歷的所有「錯

誤的增長」。身體總是在適應，身體會因應情勢而發展出生存的最佳狀態，健康的楚河漢界就在繼續創造情勢，或者讓身體往還原的方向努力。

故事發生在我身上，那個「迴轉」的重大決定，那個知道必須要掉頭往反方向走的意領神會，因為迷失了方向，因為長期遵循長輩們的價值選項。木村爺爺的故事讓我感動，它呼應了我的經歷，也呼應了我此刻的心境。他的蘋果園則呼應了現代人身體的慘痛經歷，農藥呼應了西藥，肥料則呼應了吃補和吃飽的現代飲食文明，處處都存在人性的足跡。

很多本書曾經在我的人生旅途中扮演向上攀升的驅動力，《巧合是故意的》呼應了我對最高意識的信任，作者透過「當上帝眨眼」描述重大機會的降臨，總是在那最關鍵的時刻，上帝的使者就會出現。木村在書店不小心毀損了《自然農法》這本書，造成生命的重大轉折，穿越他的生命故事之後，我們都願意相信上帝在書店眨了眼睛，處心積慮要把「自然農法」的訊息帶給他。

木村爺爺的故事不談身體意識，而談土壤意識，土壤就是蘋果園的身體，木村創造了蘋果園的生命流動。我在腸道土壤的健康世界穿梭了十年，也貫通了若干年，完全

理解土壤的地位，也認同環境和時間在生命和健康所佔的分量。木村爺爺的故事有太多元素值得深入探討，他所建立的價值系統中，信念是穿越故事的軸心。在一切都還不存在的時候，他相信自然農法才是回歸土壤本質的植物培育法，他相信自己就是翻轉青森蘋果種植文化的力量，他相信大自然的法則會監督並支持正本清源的努力。

　　木村爺爺的傳奇故事被石川拓治以《這一生，至少當一次傻瓜》為題撰述出版，我在思考「傻瓜」的隱喻時，直接聯想到印度電影「三個傻瓜」，因為這些傻瓜其實一點也不傻，真正的傻瓜則外表完全看不出來。「大智若愚」就是木村的最佳詮釋，從結果論很容易指出誰才是真正的傻瓜，我很本能聯想到那些長期對木村冷嘲熱諷的鄰居。如果你正在做一件必須靠時間來驗證的事情，應該很能體會這種感受，尤其是支持者也耐不住時間的煎熬時。

土壤中的生命溫度

　　木村從來不想對這些生活中的陰暗角落證明些什麼，他只想堅持信念的走下去。可是現實畢竟是現實，當最艱困的生活壓力在眼前，木村的信念一度被時間壓力擊垮，

就那麼一晚，他出現輕生的念頭。他準備好繩索，走進深山。然而上帝再次對木村眨了眼睛，引導他去端量深山的樹林，不僅樹根抓得深，果子長得好，土壤也另有玄機。

摸摸自己的肚皮吧，是冰冷的，還是有溫度的？這就是所謂的土壤溫度，如果你已經花了時間培育腸道益菌，成效就反應在肚皮的熱度，因為木村也是在觸摸到土壤溫度的那一刻，茅塞頓開。那是個完全沒有人關照的山野，挺拔的樹幹底下，居然是鬆軟又有溫度的土壤，貼近聞，土壤居然還帶了很有質感的香氣。如果精彩的故事都需要有梗，那麼木村開啟土壤智慧或許就是最棒的梗，而土壤的梗中還有更不可思議的梗，就是那偉大的微觀世界，我們肉眼看不到的微生物。

故事在蘋果園開花結果之後，有了更多的延伸，就在事後的土壤營養成分分析報告中，讓我們領悟到不經過施肥的土壤，一樣可以孕育出豐沛的營養素。在蘋果園的空間中，多虧昆蟲和鳥類的媒介，也多虧風和雨的趨力，土壤中的微生物接到長治久安的使命，終於可以把蘋果樹的生命力帶回到最穩定的平衡，終於可以讓長久被農藥與肥料汙染的空間得以回歸到平凡。

相較於長期在美食與西藥雙管毒害下的現代人，少了

宇宙大自然的客觀天然媒介，就必須給予身體這個小周天主觀的賦予。人類要養生不比蘋果樹容易，問題在那環境中無所不存在的變數，包括我們擁有植物所不具備的貪念和慾望，還有我們的眼界內不時要釋放誘惑的感官刺激，最複雜的當屬那不時給自己留下逃生通路的主觀意識。

把主題拉回土壤，所有試圖找回健康的人都必須先建立的觀念，腸道就是土壤，土壤是微生物的溫床，健康的人勢必是把土壤整頓好的人，不生病的人一定是腸道優勢菌叢豐沛的人。《土療》這本著作也完全呼應了木村爺爺的土壤意識，讓我們腸道的生態回歸戶外環境的土壤生態，讓細菌意識成為我們經營健康的至高意識，讓補充益生菌成為生活在熟食文明中的我們不可或缺的生活習慣。

木村蘋果園的故事隱藏著深奧的哲理，投射在我們教育子女的細節中，那些不忍心讓子女吃苦的父母恐怕得好好深入故事的精髓，那些子女罹患免疫系統疾病的父母也得深思過度吃補的後果。吃苦如果是翻轉生命的必要經歷，承擔如果是生命進階的重要動能，忍辱負重如果是成為人上人的關鍵修持，投射到健康的範疇，我個人的心得就是空腹力與斷食的訓練，好比蘋果園的生聚教訓，那可是環境中的微生物指導協同的良機。

Section
03 泥巴與免疫力

《掉在地上的餅乾還能吃嗎？》作者安妮馬克蘇拉克（Anne E. Maczulak）：「家中太乾淨，消毒太徹底，會妨礙免疫系統正常運作，接觸各種生物可以幫助免疫系統成熟運作，產生抗體，而且對幼童特別重要。如今哮喘、過敏兒日漸增多，原因大多是病童家裡太勤於打掃。」

衛生假設

打從我搬到台北大都會居住，幾乎九成九的時間住在巷弄，包含遠離塵囂的近 20 年。唯獨兩次記憶鮮明的大馬路邊居住經驗，一次是無殼蝸牛的租屋年，在三民路國宅感受公車高頻率呼嘯而過的震撼；另外一回因房子裝修而借住和平東路小公館，正好是文湖線試車期間，我的窗台就正對捷運高架結構。

很多人會對噪音特別敏感，而我的注意力則在每日屋子內厚厚的一層灰塵，站在馬路邊仰頭看著天空，可能什麼都看不到，事實上塵埃微粒無所不在。如果你家餐桌上一層灰，你應該會擦拭過才放心吃飯；如果你的電腦鍵盤上已經厚厚一層，你也得搬出小吸塵器處理一番。這些空

氣中的懸浮粒子會不會影響我們的健康？我們如何因應？

　　骯髒往往和不健康畫上等號，現代人寧可要求幼兒待在室內，因為外出存在被汙染的風險。從我的觀點來看，空氣中的粉塵和廢棄煙害對於人體的確是一種傷害，尤其是孩童，鉛會毒害人體，塵蟎則幾乎對所有人都造成輕重不一的過敏反應。然而我會建議大家依著自己的尺度，但要適度放寬標準。

　　「衛生假設」證據確鑿，意思是衛生講究過頭，很可能更加遠離健康。高級上班族的孩童幾乎掙脫不了過敏的糾纏，尤其是呼吸道的水龍頭效應，很多過敏家長將那種情境形容成「包水餃」。這些議題應該可以直接跳過討論，直接進入執行方案，重申幾大重點，相信有不少即將為人父母者非常需要相關的資訊。期望跳過餵食母乳的職業婦女必須認真看待母乳的價值，過敏兒幾乎都過度仰賴配方奶粉，太早讓幼兒接觸抗生素則屬於破壞力更大、更嚴重的議題，一輩子承受可不是開玩笑的。

　　我確信大環境幾十年之內還沒有辦法解決過敏現象，因為錯誤觀念不容易釜底抽薪，因為環境持續在惡化，因為醫療體系佔據了媒體版面，因為民眾的飲食和用藥習慣導致腸道嚴重失序。而真正比較可觀的改善都出現在「活

菌處方」的版圖，也就是花粉塵埃等過敏因子都環伺的前提下，直接從免疫細胞的平衡著手，同時透過菌相的改善提供免疫系統正向的後援。

髒髒

　　主題必須回到新生兒的生命前期，好比蓋大樓前的挖地基，也好比出任務前的縝密計畫，現代人在現代醫療的庇護下，的確有輕忽生命地基的情況。我經常回想自己是如何當上父親的，談不上任何心理準備，也從來不曾經歷撫養孩子的實戰演練，甚至也談不上見招拆招，因為責任劃分之餘，這一切都與我無關，我只負責賺錢與陪同。

　　根據個人的成長背景和專業領域，我得向所有與此提綱相關的人士道歉，最直接相關的當屬我內人和兩個寶貝兒子。首先是剖腹產，其次是配方奶粉，還有就是抗生素等藥品的過早進入，擁有醫療學歷背景的雙親，非刻意也形同刻意的將孩子送進過敏的輸送帶。可憐的小孩，跳過母親的產道，那是大自然所建構的細菌城牆，即使後來有母乳的適量供應，問題是不時有來自奶粉和藥品的干預，導致免疫系統失去了健全發育的先機。

　　鑽研消化道的神經科學家艾摩蘭梅爾博士（Emeran Mayer）在他的書中提到一段令他永生難忘的記憶，那是他前往亞馬遜河流域亞諾瑪米族拍攝紀錄片的一個徹夜難眠的夜晚。住在叢林旁的梅爾博士，夜半三更聽到樹林裡有聲音，就在幾步路之外，他親眼目睹一位年僅15歲的原住民女子躺在香蕉葉上，獨立生下自己的小孩，完全不假他人之力，即使將臍帶剪斷都是就近找到利器處理。

　　這的確是我個人不斷思考的問題，進步與退步，進化與退化，高級的文明與落後的原住民部落，傲人的醫療科技與惱人的慢性病。當年助產士到我家協助我母親生下我，爾後我卻得眼睜睜看著自己的妻子接受手術前中後的所有凌遲。都是別人在做決定，都是別人決定我們的生命品質，這樣的局面不會令你感到沮喪嗎？生命遲早都得面對獨立性的主題，自己的身體自己做主，自己的健康自己經營，自己的人生自己努力。

　　至於小小生命的成長路，他們顯然得經歷很長一段自己無力做主的階段，所以是家長打理所有他們吃的，還有穿的、玩的、用的和住的。家長把幼兒爬行的地板打掃得一塵不染，很習慣的告誡小朋友如何定義「髒髒」，研究微生物的學者意外發現泥巴中的微生物豐富了嬰幼兒腸道

細菌的多樣化，加州大學聖地牙哥分校微生物研究所所長羅柏奈特（Rob Knight）指出，嬰幼兒的鼻腔微生物多樣性高，將來出現氣喘等過敏症狀的機會就比較低。

乾淨該如何定義呢？健康該如何定調呢？這屬於「生命地基」非常務實的範疇。身為對健康本質覺知的一分子，結合推廣益生菌醫學的多年體悟，我願意對所有家中有新生兒的成員提出呼籲，從精卵結合的那一刻起，研修細菌學分已經是準父母的職責，讓嬰幼兒擁有由大自然所提供的豐沛資源，從母親的產道菌相到母乳的穩定後援，從公園的泥巴玩到海邊的沙子，免疫系統的成長與細菌有相知相惜之緣，差之毫釐，失之千里。

04 天才無限

《天才密碼》作者丹尼爾科伊爾（Daniel Coyle）：「改變習慣的唯一辦法，是透過重複新行為來建立新習慣，也就是針對新神經迴路生成髓鞘。」

一直就存在著

我相信每個人一生都經歷過思考「成功」的方法，最終發現關鍵在如何定義以及描繪這個抽象的意境。我個人很堅持透過「福禍相倚」來解讀成功，因為過去很成功，如今一敗塗地的實例還真不少。即使在保健養生的領域，也不乏曾經號稱很健康，如今卻腦滿腸肥的前輩；或者曾經出過減肥書，如今已經胖到見不得人的人。

身為人，我們把永恆當作終極境界，有限的人生中，努力創造可被時間重複考驗的價值。我對健康圖像累積出的尺度，必須經得起時間的考驗，必須說的和做的彼此呼應，最重要的，必須符合老天爺的遊戲規則，必須放諸四海皆適用。所以講一堆專有名詞，還不如多一些執行心得，一條走了十年的道路，肯定有很多值得描繪的景觀，很多值得分享的故事。

121

　　身為在台上講課的人，我習慣觀察態度，喜歡誠意十足的學習欲望，欣賞謙卑接受的無我身段。是有這樣的人，只不過比例不高，一般人都要經過評估，都得驗證，都必須靠相對條件來證明，有時候還必須靠很庸俗的陪襯來支撐，就是我們都很熟悉的普世價值觀。可是頭銜和知名度也有經不起時間考驗的那一刻，效果和激情也可能抵擋不了分針秒針的耐力。

　　人都隱藏著深不可測的潛力，這不是老師教的，書上寫的，而是我長年觀察人的體悟。其實也呼應了造物主最公平的慈悲，同時呼應每個人身上 DNA 九成以上來自細菌的科學研究，這是我對於人體這個高級有機體最忠實的註記。千萬不要再把責任推給遺傳基因，也不要總是把身體病痛歸咎給細菌病毒，事實是九成以上的人都擁有健康長壽的潛質。

　　電影「天才無限家」描述一位印度數學天才拉馬努金的故事，裡面有一段旁白是指導教授與他的對話。教授問到這些公式是如何演算出來的，拉馬努金回答「這些公式一直就存在著」，他講這句話的態度也許輕鬆，可是並不代表他輕佻，這是他的信念，是他心中很清晰明辨的事實。在我們身體內也存在著一種不可違逆的真理，那是透過粒

線體發電所賦予的生命能量運作，這個事實和細菌之間的關係，套用那句拉馬努金的話：「一直就存在著」。

應該沒有人否定健康要經營，或者說需要用心經營，可是萬一路走錯了，方向搞錯了，態度也錯了，就永遠到達不了目的地。如果經常說「我沒興趣」、「我不相信」、「我不需要」，我篤定你不大可能拉出一條連接到細菌的經營線，最多就只是買買營養補充品，到健身房的跑步機上去揮灑汗水。我的意思是每個生物體都有機會經由與細菌串聯而經營出巔峰狀態，主要是生活方式和飲食習慣。

尋找，你就會找到

這樣說吧，執行健康計畫的單位是每天，每天都做和身體菌相有關的事情，最簡單的就是大量食用天然食物酵素，譬如吃水果和生菜，譬如吃發酵食物和優酪乳，譬如補充纖維素和益生菌。說起來很有趣，這麼簡單的執行方式，我得透過一本書來說明，其實這就是相信法則，就是動機的故事，就是人類腦意識所衍生的傲慢心和分別心，都得精心設計以解構人類的複雜意識。

換一個角度說明，從我個人的醫療成長背景，很不可

思議的發展到今日的程度，深信真正協助人類經營不生病境界的是細菌，是我從小被勒令不能接觸的環境。奇妙的就是老天爺送給我這個大徹大悟的對照組，很熟悉的消毒水味道，就在我父親的診療空間，每天護士小姐都得準備一盆消毒水，只要手泡到消毒水裡面，就乾淨了。接著，時空轉到我在醫學院求學時期的微生物實驗室，我們從同學所攜帶的糞便採集細菌，然後觀察細菌在培養皿的生長狀況。

提出生命中與細菌概念相關的重要階段，我完全不記得從微生物學科學到了什麼，比起其他學科，我的微生物與生化幾乎都在及格邊緣。隨便找一位沒有學醫的路人來分析他與我腦袋的差別，針對微生物，或說細菌，容許我用可悲來形容我自己的所學，對這門科學的用心程度，我和一般人沒有任何差別：細菌就是會讓我們生病的東西，細菌就是人類健康的大敵，細菌就是你我在生活中必須徹底殲滅的壞蛋。

很喜歡「生食家族」發起人維多利亞柏坦寇尋找真相的態度，她的書中引用她祖母的一句話：「尋找，你就會找到」，我相信這句話會讓很多人有感。我常常回顧自己生命的所有峰迴路轉，就是必須找到那個答案，找到經得

起千錘百鍊的正解，就是有一股力量引導我不能放棄和真相接觸，因為真相一直存在，等著我們去擁抱它。

　　願意相信就出現機會，願意做就創造機會，生命歷程有多少前輩示範了翻轉人生的身教，我也不間斷的在書海中觸摸典範。我試圖從細菌無窮盡的繁殖力去連結人類大腦神經元突觸的延展力，這中間存在一種共同的生命力，無止境的相信，不會停歇的努力，不停練習的改變與創新。老天爺早已賦予我們一種天賦，叫做健康，而且委託成兆上億的微生物來共同維繫這個珍貴的能力，就等我們來發掘，就等我們在人生修行路上逐一體悟。

05 烹調與菌相

《吃的美德》作者朱立安巴吉尼（Julian Baggini）：「最高境界的自由，就是心甘情願的節制自己的行為，因為你知道這麼做對自己有益。相反的，為了信仰而齋戒只是屈服於他人的意志。」

米飯與麵食的共業

找我諮詢養生保健的對象一般粗分成兩大類型，一種是很愛吃卻經常有減肥念頭的人，另一種是很想增胖而害怕吃的人。你可能會覺得這分明就是女人的分類，事實上不然，兩個典型的族群都有男人的身影，比例之所以遠低於女性，是因為男性朋友把念頭隱藏得好。

不抽菸也沒有酒癮的人，從身體發出來的慾念剩下食慾和性慾，一般解讀這兩種慾念為正常的生理現象，潛意識連結到生存的需求。感官接觸刺激了生理慾望，食物在現代人生活中的地位普遍高於過去的人類，不談科技、傳媒以及人與人接觸頻繁的因素，食物本身就是關鍵因素，我們吃的食物種類和烹調方式都參與了食慾的醞釀。

高升糖食物不是新鮮議題，血糖震盪和胰島素阻抗也

已經談論多時，這些知識的追求以及學理的探討都壓不住糖尿病罹患人數持續攀高。暫且不論醫療的誤判與誤導，我們所創造的環境和生活習性是問題的核心，每個家庭都為煮飯準備了電鍋，也幾乎都以米飯和麵食為主食，到街上餐館巡訪，哪一家餐館不準備這些食材的？

　　前面所論及的「愛吃」和「恐懼吃」都脫離不了米飯麵食，念頭中的箭頭都對準這些製造肥胖的食物，十分符合「又愛又怕受傷害」的詮釋。針對血糖問題，我們所熱愛的主食已經難辭其咎，繼續追蹤精緻食物普及化所創造的老年症候，幾乎要看到每兩位老人家就有一位失智的情況，客觀評估，碳水化合物主食依然必須扛起不小的責任。

　　「無麩質飲食」成為一股風潮才是近年的事，可是麩質不是新鮮議題，西方營養學者近 20 年都在探討，我個人也在自己的腸道體驗中追蹤麩質的效應，除了深信麩質製造腸道發炎不是空穴來風，也極度確信對於腸道益菌而言，麩質不是好食物。美國神經專科醫師大衛博瑪特醫師（David Perlmutter）所論述的《無麩質飲食讓你不生病》、美國醫學博士威廉戴維斯（William Davis）所出版的《小麥完全真相》、德國醫學博士史特倫茲（Ulrich Strunz）所撰寫的《為什麼麵條讓人變笨？》更是將多數人的美好經

驗直接塗掉，證據顯示，這幾乎就是全球化的退化現象。

　　熟食讓食用者上癮，來自純生食主義者的觀察，這一部分我欣然接受。一位曾經執掌美國食品藥物管理局的小兒科醫師克斯勒（David A. Kessler），有一本著作《終結過量飲食（The End of Overeating）》，點出高糖、高鹽、高脂肪在特定食物內的組合，這基本上就是今日餐桌上的典型佳餚，克斯勒醫師的結論是「高食量」。沒錯，是食物誘導我們多吃；更明確說，是熟食誘導我們上癮；再更精準的說，是碳水化合物主食引導我們越吃越肥，越愚蠢，也失控到難以自拔。

　　進一步聲討麵食，就是所謂的麩質食物，也就是終於被我勒令遠離的生活伴侶。主角就是麵包、披薩和麵點，這些食物的滿足點在口感經驗與飽足饗宴，而不在腸道的喜樂，本質上不屬於腸道好菌的食物。細菌的喜樂一般不會是一種健康議題，是我們長久以來忽視其嚴重程度，可能只是腸道的小規模發炎，最後卻表現出無法解釋的情緒低迷，其實是免疫系統和腸道細菌之間的訊息串聯，共同傳遞給大腦身體的負面指數。

　　現實總是嚴苛，我們所熱衷的美食最終都得經過嚴刑逼供，我相信這是很多人直覺的疑問，甚至索性隔絕這些

常識。其實一般人都太執著於美感記憶，如果做不到我所謂的當斷則斷，我建議採取階段性的捨棄，不需要因為食物的取捨而失落，人類真正情緒上的穩定愉悅終究是來自腸道的愉悅，實質上是細菌的愉悅。針對捨棄，我的體會來自深度斷食，當所有食物誘惑都暫時禁止，從腸道菌相的穩定可以接收到無比喜悅的傳輸。

細菌的美食觀點

提到吃，直接連結到口感與滿足，充斥在以天為單位的生活記憶。人們重視吃，設計各式各樣的聚會理由和聚餐機會，挑選滿足眾人口感的餐點，生活中，精緻麵食和過量肉食不停的進駐身體。有人宣稱自己無肉不歡，歡樂時刻只是食物在口腔內的幾秒鐘或幾十秒鐘，不可能有人主張享受肉食進入消化程序後的感受，即使是麵食和米飯類，都在吞嚥之後進入負擔程序。

斷食引導我認識身體，讓我學會完全從身體的立場去思考吃的各種面相，主要是什麼樣的食物創造什麼層級的消化負擔。譬如說肉類的動物性蛋白質，胰臟有絕對的能耐賦予消化酵素，問題在肉類的質地，還有同時食用各式

動物肉類的酵素分類工程,從身體的立場,我肯定胰臟不會滿意這樣的勞累,尤其在同一餐宴中的牛、羊、雞、鴨、魚、蝦,對於胰臟肝臟的大規模轟炸。

話題依然圍繞在熟食,清一色沒有酵素的食物,即便夾帶了生菜和飯後水果,由於是熟食與消化酵素大混雜,這些食物酵素也於事無補,英雄無用武之地。負擔還有一個面相,不是所有的負擔都由身體承受,生物在互為共生關係中存在一種默契,除了生存需求相互取暖外,工作分配也得進入分工,在人體與細菌的共生關係中,細菌承擔處理食物這檔事的比重,遠超乎你我的想像。

在這座高度分工的消化工廠中,組成腹腦的腸道、免疫系統和微生物群先前進行任務分配,進到身體的所有食物都在口腔咀嚼中進行初步辨識,進入食道之後好整以暇。細菌大軍的確參與了任務分配,也確實執行了消化的後端工作,只是因應主人的飲食偏好,應接不暇的熱炒、燒烤、油炸以及大量精緻碳水化合物的轟炸,腸道細菌除了兼顧生存危機,同時進行後端的食物善後。

前述的熱鬧「街道」不知呼應了多少人的腹腔生態?原本奉命整地的細菌大軍,如今不是瀕臨滅絕,就是為了生存而突變;蔓延幾公尺的空間處處有如殘山剩水,在醫

院大腸鏡的景觀中，就是滿坑滿谷的息肉和糞石。現實生活中，這位當事人想必就是那位堅持不保養的人，多少人的念頭中沒有未雨綢繆這件事，反正醫療發達，反正已經購買防癌險，真有狀況再來設法。

如果真有好好養生的打算，我建議你把「細菌」這個神主牌擺在前方，以細菌的美食為你的美食，最好的選項就是不需要胰臟肝臟釋放任何分泌物的食物。退而求其次，就是以蔬果為主的簡便料理，而且切記，盡量把麩質類食物的比重降低，取而代之的是發酵食物。假如這些建議不合你意，因為有太多的堅持和喜好，建議以天為單位補充益生菌，同時找一位有經驗的前輩指導你做斷食，而且做好計畫，有紀律的執行。

從根本建構健康，從內在襯托外在，時間才是最後的裁判。
給時間，才會有時間。

Chapter

04 瞎忙 Blind

堅守違逆本質的理念，

沉溺傷害身體的習慣。

堅持我是對的，

堅持人類是最高等生物的高度。

終點靠近，赫然發現不知為何而活。

時間寶貴，生命荒廢在別人的信條。

時間一直流失，

我們依然割捨不掉浪費生命的習性和慣性。

01 幽門桿菌悲歌

《這一生，至少當一次傻瓜》作者石川拓治：「正因為有被人類稱為害蟲的昆蟲存在，益蟲才能夠生存。正因為吃蟲者和被吃者存在，大自然才能保持協調。這件事本身並沒有善惡之分，疾病和害蟲暴增，或許是大自然想要恢復協調所發揮的制衡作用。」

當幽門螺旋桿菌被提起公訴

　　成為被告不好受，被指控做了自己沒做的事情，更是情何以堪。即使最終證明自己清白，過程中要經歷極度無明的指責與要脅，尤其是面對那位態度不很友善的檢察官，還好我不曾背上幾十年的冤屈。這麼說是因為我見證了近 20 年幽門螺旋桿菌從被判刑到平反的曲折路，像極了人生旅途中的冤獄，而且具備申請國家賠償的條件。

　　在我早期的作品中我曾分享一種體悟，也偶而在課堂中分享，內容是一個有價值的真相浮上檯面的艱辛。印象最深的是針對同胱胺酸（Homocysteine）這種體內基礎生化代謝物的轉換，由於同胱胺酸是造成心血管壁傷害的物質，身體內原始就存在將之轉換的途徑，仰賴的是由維生

素 B_6、B_9（就是所謂的葉酸）、B_{12} 所組成的防線。最精彩的劇本在大自然的巧思，製造這些維生素就委託腸道細菌處理，完美填補人體之不足。

我當初聚焦在 70 年代發現同胱胺酸和心血管關聯的病理學家麥卡利博士（Kilmer McCully），因為他的主張在經歷 20 多年的質疑後才得以被廣泛支持。對於這些先知先覺者的悲情，我曾經賦予同情，後來慢慢理解何謂必要的承擔，一度也關注研究與證實幽門螺旋桿菌和胃潰瘍關係的兩位澳洲學者，他們一樣經歷無情的時間折磨，後來華倫（Robin Warren）和馬歇爾（Barry Marshall）雙雙得到諾貝爾生理醫學獎的殊榮。

此刻，不探討必要的承擔與等待，也不必特別描述煎熬與公理正義的完美伴隨，我們得接著探討幽門桿菌因此被宣判是壞蛋的烏龍。貼標籤是當今媒體文化的拿手絕活，還未宣判有罪就被視為過街老鼠的案例不少，我們也得承認自己很容易被集體共識誤導，我在課堂上請教學員有關幽門桿菌的印象問題，所有人一律認定幽門桿菌不是善類，必除之以絕後患。

幽門桿菌的事蹟可以說可大可小，不去談論它，可能就覺得無足輕重，可是深究再深究，卻發覺非同小可，可

以說已經達到可歌可泣的等級。必須感謝微生物學家馬丁布雷瑟（Martin J. Blaser），要不是他帶領全球多位號稱「幽門桿菌學家（helicobacteriologists）」的學者鍥而不捨的追蹤、推理、研究，每年還透過歐盟舉辦「幽門桿菌工作坊（H. Pylori Workshop）」，幽門桿菌的罪名也許永遠沒有洗刷的機會。

對於這群學者的付出，我自認只夠格扮演掌聲部隊的一員，應該也不夠格做太多的論述，只能從感動和分享心得的方向切入。這依然是「互利共生」和「利益共生」之間的角色轉換，原來長期與人體互利共生的寄生菌種，近年來一直都被認定是人類罹患胃潰瘍的兇手。曾經都只是壓力與胃酸過度分泌因素在承擔這個罪名，是華倫和馬歇爾兩位學者的研究正式把幽門桿菌關進了牢裡。

馬丁布雷瑟的研究方幾乎佐證了胃酸逆流與幽門桿菌式微之間的關聯，也就是幽門桿菌遞減的個案，胃酸逆流的機率反升高。他這方面的追蹤繼續深入到氣喘過敏與幽門桿菌減少的關係，這一部分的主題沒有太吸引我的注意，畢竟過敏的機轉、防範與養護都在一定的可控範圍之內，最佳解決方案都是益生菌，不過我對於布雷瑟教授所領導的團隊所做的研究推崇備至。

也該還幽門桿菌清白了

　　白話一點總結，幽門螺旋桿菌的確是胃潰瘍的元兇，可是我們不應憑藉直接證據全部連坐，意思是犯案的背後還有主謀，而主謀即是我們人類自己的飲食變遷。有點類似於我們今天追討小麥飲食的傷害，近程是腸道的發炎反應，遠程則是腦部細胞的終極毀壞，而小麥其實無辜，是人類在急功近利下逐步創造小麥基因的改變。

　　幽門螺旋桿菌變種了，幽門螺旋桿菌給我們的第一印象是致病菌，尤其根據我早期所接觸的資訊，連胃部癌症的成因也清一色指向牠，其他因素都倖免了。這當然不成事實，罹癌需要特殊性格的操控，幽門螺旋桿菌有意無意製造了胃部的病變，這並非牠們的初衷，至於胃癌的形成，那距離幽門螺旋桿菌的意圖就更遙遠了。

　　馬丁布雷瑟沒有把研究方向延伸至飲食和細菌生長環境的關係，可是食物干擾幽門桿菌的生存環境是事實，幽門桿菌因此突變誠屬合理。因應環境變遷，幽門桿菌必須顧及自身的生存繁殖力，人類過量的熟食習慣導致免疫系統得不到酵素支援也是干擾因素，重點在，優勢不再是優勢，共生環境不再是共生環境，幽門桿菌偕同免疫細胞一

137

起守護胃黏膜組織的環境一再面臨更嚴峻的挑戰。

　　研討健康最終都會面對環境議題，我們的生活環境、我們的腸道環境以及我們為細菌所創造的環境。環境問題回到謙卑學習的人，回到願意承認自己是罪魁禍首的人，不論是讓環境更好，還是造成環境更加惡化，最後終得面對自己就是身體狀況不佳的元兇，自己也得承擔起改良環境的職責。幽門桿菌單獨承擔胃潰瘍的罪名，人類可以把責任推得一乾二淨，接下來的發展是不懂得承擔的人繼續失去健康。

　　這就是人類大腦中最傳統的反應機制，不是逃跑，就是反抗，在幽門桿菌的案例，我們可是兩種都用上了。首先免除自己的責任，箭頭指向對手，然後製造出針對性武器，企圖把對手殲滅，直接滅口了事。此刻，建議把時間拉回自己對幽門螺旋桿菌的初印象，可能就在醫師的問診間，突然被告知自己「感染」了這種從未耳聞的細菌；或者在辦公室的茶水間，同事聊起正在服用殺死幽門桿菌的抗生素。

　　我個人認識幽門桿菌的印象比較奇特，那是十多年前的特殊記憶，所有在我身邊出現胃部症候，而且經診斷是感染幽菌的人都出現獨特的口臭味，當初的我自認沒有這

樣的感染。事過境遷，我得以簡單整理出底下的結論，針對出現因幽門桿菌而引起的胃部潰瘍症候，應該就屬接觸性感染，也許追加了個人的飲食習慣；或者你的過敏體質特別好發在胃部，加上長期在抗生素的轟炸下，身上的幽門桿菌正在為自己和後代子孫的生存調整生命力。

　　診所文化從未脫離我的生命，從小就在打針吃藥的氛圍中成長，如今我內人還在診所工作，她哥哥也是經營診所的醫師，長期跟隨很容易形成一種信仰，很慶幸我多了一些想法，還有勇氣。診所文化把幽門桿菌連結到抗生素，在藥廠與診所的互動關係中，這就是一種不成文的規範，在我的觀察中，已經是短期內不會改變的模組。對抗就不會有美好的結果，我們不需要花篇幅再討論抗生素輪迴，可以直接從長久和細菌的對立關係去預言，而治本之道就是共生思維，就是益生菌醫學所撰寫的新頁。

　　益生菌和免疫系統對話已經不是新聞，透過訊息傳遞，熟悉幽門桿菌習性的益生菌快速安撫了不安的幽菌，減緩了免疫發炎反應。從醫療視窗解讀，這是何等的不可思議，可是從互利共生的生態大圖像研判，這才是長治久安之途，這才是長期食用熟食的我們所必須審慎看待的現實。當你還在思考吃什麼藥才得以解除胃潰瘍的威脅，多

少人已經卸下治療的念頭，學習欣賞幽門桿菌的存在天職，迎合自身免疫大軍的原始天賦，透過益生菌保養和飲食習慣改變，建立永久遠離潰瘍的絕對自信。

02 酵母菌連結

《不該被殺掉的微生物》作者馬丁布雷瑟（Martin J. Blaser）：「我覺得非同小可的是，僅僅一個禮拜療程的抗生素，就足以使抗藥性微生物持續存在到三年多以後，而且存在的位置還是離抗生素標靶位置很遠的地方。」

小鬼當家

看到吐司麵包長黴，直接往垃圾桶丟棄，最多嘴巴抱怨個幾句，不管是罵人還是罵菌。我們很少會問：這些小東西從哪來的？牠們真的無所不在嗎？比較正確的說法是我們隨時都在吃牠們，即使是看起來沒有長黴的吐司，即使是抽屜裏面用保鮮盒裝的餅乾，因為牠們的芽孢就飄在空氣中，可能就在你拿餅乾的指縫中。

我們就不花時間討論黴菌的好壞，牠們其實和我們人類的生活密切相關，我們通稱之為酵母菌的大家族，從饅頭、麵包發酵到啤酒發酵，從酵素工廠的植物發酵到釀酒廠的發酵，從醬油的製造到特殊發酵乳的製造，或許我們就直接把焦點放在人體的狀況。

我服兵役過程與黴菌曾經深度結緣，發生在腹股溝，

那真是一段不好受的經驗,而多數當過兵的男生比較難忘的經驗應該在腳趾頭。其實我們對於黴菌要有一種態度,就是保持牠們沒有活躍條件的環境,因應牠們真實生活在我們體內的事實,在人類的腸道和陰道中,牠們可以很低調的寄居。

黴菌的議題一定要帶到十九世紀的英國,優秀的醫學家佛萊明的故事。重點不是佛萊明發現了青黴素,而是黴菌的衍生物質居然成為抑制細菌生長的利器,是人類的抗生素發展史在大肆滅菌之餘,回過來助長黴菌在人體中的繁殖。對於佛萊明而言,又是另外一個層次的始料未及,1983 年所發行的《酵母菌連結(The Yeast Connection)》揭開了半世紀抗生素發展的過失,作者柯魯克醫師(William G. Crook)全面探討抗生素濫用造成念珠菌肆虐的問題,連結到諸多醫療無力診斷的症候。

應該說,從社會面觀察,抗生素濫用是全面性的,而針對使用抗生素的人,可能只是一個療程,可是對於自己的身體來說,可能就是全面性的傷害。最能引起共鳴的案例都發生在婦科的診療間,清一色被醫師診斷成黴菌感染,患者的主訴是搔癢和分泌物多。這些個案的背景資料有相當高的機率使用抗生素,來自於其他科別的醫師所開

立的處方，另一個較低的可能，是吃了含有抗生素的食物。

　　不是黴菌對抗生素免疫，是牠們根本就是一家人，就在細菌被殲滅的慘況下，黴菌出現異軍突起的機會，牠們有了無限擴張版圖的機會。本書不再強化所謂好菌壞菌，就是那些「為殺死壞菌而把好菌也一併殺光」的論調，以免大家繼續將細菌二分，不是友善，就是邪惡。在酵母菌的延伸效應中，只要清楚微生物的原本屬性，我們就在英文「酵母菌（Yeast）」的統稱中概括整合了黴菌和真菌。

　　根據《酵母菌連結（The Yeast Connection）》的歸納，很多種官能性異常都有機會追蹤到念珠菌的竄起，包括經前症候群、慢性疲勞症候群、肌肉疼痛、頭痛、月經不順、性功能障礙、記憶力減退、學習障礙、憂鬱症、躁鬱症、陰道炎、皮膚炎等。其實並不鼓勵往這些症候去推敲，那畢竟只是個案的統計，我們都得往源頭的方向努力，從飲食生活作息與用藥習慣的改變去努力，把念珠菌在身體內大舉繁殖的機會降到最低。

引爆

　　還記得日本發生大海嘯的那一天，我正在汽車保養廠

等候取車，喝著服務人員送來的咖啡，眼睛盯著電視，我身旁好幾位車主都睜大了眼睛。有點像在看電影，不過是真的發生了大事，大海吞噬汽車的畫面就在電視上重複放送。日本發生地震不稀奇，不過九級地震絕對是震撼，海嘯接在地震後面而來就讓陸地居民無所預防，而真正的災難不是在當天發生。

事隔六年了，核災效應繼續衝擊日本人的生活，繼車諾比核災之後，日本人承受了俄羅斯人的輻射陰影。或許人類抵擋不住地震與海嘯的到來，但是對於天災，我們都可以做有效的防範，問題都在人禍，是人禍讓我們永遠防不勝防。由於看到人類整體健康的現況，我的思考在源頭和後果之間運轉，腦袋一直出現這樣的疑問：如果無法承擔後果，為什麼要開始？憑什麼可以開始？

核能發電，再有一百個正當性十足的理由，老天爺只要出一個題目，就可以證明我們根本沒有能力做這檔事。我用這個邏輯檢視抗生素的研發和濫用，藥廠實驗室就好比核能發電的控制室，一群人的工作牽動了複雜的人類生態，一代影響一代。無明和無知合作，也相互殘害，在我個人有限的生命，至少清楚看到四個世代的健康受到抗生素的毒害。

　　抗生素就是核爆，在服用藥劑的人身上，所引發的酵母菌肆虐就是輻射傷害，其破壞力不在短期之內，而是經年累月，當事人有可能終身因此而遠離健康。在法院的判決案例中，法官必須釋放罪證不足的被告，我們今天所面對的就是無法對證的罪證，可能連被告是誰都不清楚，有可能連哪一刀才是致命的一刀，檢察官都提不出證據。

　　讓我們把注意力再度放在腹腔內的生命力，細菌真是太渺小了，導致人類可以如此的輕視牠們，不惜犧牲多數來成全可能只是區區的感染。這個問題之所以值得你重視，因為你不知道自己的輕忽即將傷害那些親人，你也不可能知道自己未來的病症如何回溯到此刻的輕忽。

　　同一個時間，有人邀約你爬山，也有人邀約你打麻將，你只能答應其中一方。做選擇的時候，考量的是自己的喜好，或者考量到朋友此刻的需求，還是你會考量到一個選擇可能多幾年壽命，而另外一個決定可能損失掉幾年的人生？補充益菌和服用抗生素就是很關鍵的二選一，不用理會肚子裡面的酵母菌需求，應該要正視的是腸道菌相的存廢。

03 還我盲腸來

《生命的關鍵決定》作者彼得尤伯（Peter A. Ubel）：「問
『醫生我應該怎麼做呢？』和『醫生，如果是你，你會怎
麼做呢？』，得到的答案可能會不一樣。」

沒有膽的請舉手

聽到因為攜帶乳癌基因而把兩個乳房都切除的新聞，
我有點不相信這是真實發生的事情，尤其執行這項手術的
是一位好萊塢大明星。我不解的是，以這樣一位各種人際
關係都能接觸到的人物，要諮詢到多方資訊絕對沒有問
題，居然沒有人阻止這樣荒唐的行為，而且還有醫師為她
做了這個手術。兩個健康乳房就這樣活生生被切除，我反
覆思考這則新聞，多麼希望這是媒體炒作，不是真的事情。

當我們把生物體的生態看成山水湖泊，可以造橋鋪
路，可以挖山洞，也可以挖海底隧道，就是我們今天所面
對的醫療寫實。可以切下部分器官，可以補上自己的皮
膚，可以把太多的脂肪抽出來，可以在血管內裝置「支撐
的架子」，可以把用處不大的器官丟掉。都有合理的解釋，
都是不得已的狀況，如果我們都不願意好好珍惜自己的身

體，不願意好好看待身上的每一種存在，會有那麼一天，心臟還在跳動，可是身體已經殘缺不全。

　　我應該不是危言聳聽，因為隨機抽樣調查，身上器官已經有被摘除的比例還不低，現階段的客觀統計，已經切除膽囊的人最多，這些「沒膽」的人眼神中，有著滿滿的不得已，也不乏感謝醫療發達的「好佳在（慶幸）」。女性個案中，少一邊卵巢同時也已經切除子宮的機率也不低，有些是醫師在處理卵巢囊腫的同時，建議把也有囊腫的子宮也一併移除，有些則是在婦科症候的陰影中做出割除器官的決定。

　　人類號稱最高等動物，可是在我討論健康相關議題的時候，周邊充滿著負面的氣場，對於生命有著諸多的無奈。對於切除子宮的安慰之詞：「沒關係，就不要生」，可是我所追蹤的不是要不要生兒育女的問題，是一個必須存在的器官無端被遺棄的問題，是我們人類不重視生命本質的問題，是高比例現代人輕視生命價值的問題。子宮不單只是懷胎十月的容器，它是女性生殖器官的一部分，是女性內分泌系統的一部分，我們是否已經被教育將身體器官分開看待，然後看時機定義價值？

　　被診斷有膽結石者回顧醫師的談話，內容是「暫時沒

有必要理會，等到更嚴重的發炎狀態再來切除」。這雖然是個案，卻是一種現象，在這種思考邏輯中，沒有身體意識的存在，沒有保健意識的存在。這和「人都要老、都要生病、都會死」是相似的概念，和血管內的阻塞一律必須仰賴外力清除也是類似的方向，但這種作法只會導致結果越來糟，不可能越活越健康。

美國心臟外科醫師艾索斯汀（Caldwell B. Esselstyn, Jr.）就在這種邏輯中工作了十多年，直到他突然頓悟，他形容自己被上帝點醒，因為病人都越來越糟，沒有任何一位是越來越健康。他最後轉了個大彎，率領他的病人從徹底純蔬食飲食做改變，自己以身作則，成為美國在第一線推廣養生保健的前峰，協同《救命飲食》作者營養學權威坎貝爾博士推出了「餐叉取代手術刀」的形象概念，出版書籍和影片，美國前總統柯林頓也因為受他們影響而成為健康素食者。

話題回到膽結石，我個人有幸經過熟練肝膽淨化認識肝臟的深層生理，對於身體能夠主動做出清除廢物的程度嘆為觀止，而我只是做了簡單的計畫，並在飲食上做了一些調整。我因此深知，現代人的飲食習慣會在肝臟膽管囤積垃圾，如果不適時淨化清除，就等著狀況持續惡化。即

使沒有出現膽結石症狀，也不代表沒有肝膽結石，不表示和身體其他症候無關，甚至因此造成更為嚴重的病症。

就不談一般胃腸科醫師是怎麼看待這件事了，網路搜尋到的前段資料清一色批評謾罵，都是沒有深入甚至完全沒有經驗的觀點，現今社會真的是有權發聲的人在控制視聽，而且是完全不經實證的人在傳播視聽。其實也不需要抬槓，因為事實就是事實，做過才知道，經驗才是王道。拿出化學實驗的結論來推敲人體內的運作，然後被媒體拿出來做頭版，我不時都得應付學生透過搜尋而產生的質疑，對於科技與傳媒的影響力，反而讓我多了些警覺。

當一位學生告訴我她有家族性甲亢，除了她以外，全家人都已經做了甲狀腺切除的手術，我心中湧出協助她遠離家族業力的念頭。這已經是我的經驗值，只要聽到遺傳性，接下來就是雙手一攤，一切都是天意，可是事實就不是這麼回事，我們的身體完全不是這樣子運作。其實都是環境因素決定基因的開或關，都是習慣在決定遺傳基因會不會表現，都是態度在決定健康與否。

怎麼我們可以自己承擔的事情，都推給別人了？而且還直接把責任推給命運？或許是有遺傳性疾病直接顯現，想躲也躲不掉，可是那只佔非常非常小的比例，就我對人

體天性的瞭解，身體具備運用環境條件超越先天性不足的潛能，而且越挫越勇。身體是父母，它具備一切，可使身體又像小孩，需要被訓練，身體的所有能力都靠練習，就連關閉疾病基因也得持續練就好習慣，我相信多數人都忽略了這個重要學分。

闌尾進化論

應該是我就學前的記憶了，我父親從車上抱我大姊回家，那時我姐姐剛動完盲腸切除手術。不記得我有沒有提出任何相關問題，反正答案很明確，從小就聽說，盲腸是沒有用的器官，切除是無妨的。

我不曾試圖推翻「盲腸無用論」，從小時候到成年，很多道理被我們以真理的型態包裝收納，有需要再取出來用。有些時候還不經意慶幸自己的盲腸還真聽話，從來沒有出過紕漏。直到我對身體有了全方位的理解和信任，對於身體器官組織的存在與功能有了更深入的認識，尤其當我更明瞭慢性發炎的發生與意義，主觀認定所有闌尾發炎的個案一定有共通點，是科學界忽略掉的。

位於小腸轉往大腸的連接轉彎處，泛稱盲腸，從結

構上討論就以闌尾稱之。這個構造上突兀的腸道組織，之所以長期被誤解，也被視為完全沒有功能，主要因素是人類醫學發展史上對於細菌的偏見，造成我們完全以相反的角度來評論分析這個非常重要的構造。當我們換個立場從細菌的觀點出發，發現上千種類的細菌在腸道扮演遊牧民族，狀況好的時候佔地為王，必須顧及群體安全時只好委屈，這就是腸道環境與細菌之間的妥協。

最接近我們人類生活印象的就是發生天災的時候，有安全顧慮的村民被暫時安置在定點，住家毀損的難民被安置在學校大禮堂，我們腸道的細菌有時候也需要一個暫時的「避難所」。我們人類的天災可能一年一次或兩次，甚至好幾年才發生一次，腸道細菌群的天災頻率可能以天為單位，發生在每天應酬的人，發生在經常吃大餐的人，發生在愛吃美食同時也得每天吃藥好幾回的人。

如果我們已經理解人類飲食與醫藥文明創造出癌症的高罹患率，就應該能夠諒解闌尾發炎偏高的機率，兩件事情都有情緒壓力的介入，兩件事情都有細菌與免疫系統的無奈。如同避難所難民為了搶奪地盤而爭執，闌尾的狹窄空間也不時要發生地域的搶奪，細菌與細菌之間原則上族群融合，可是也會出現種族對立，免疫細胞機動前往調解

151

就見怪不怪了。

　　大家不是都說闌尾是一個人體已經退化的部分嗎？這不就是人類習慣性武斷的再一次證明？我們不需要求證，也無法求證，無從求證，前人怎麼說，我們就怎麼思考，「盲腸無用論」我們喊了很久，「闌尾退化論」我們也倡導了夠久，是到了該還給它清白的時候了。闌尾就是細菌的防空洞，是聰明的細菌選擇的暫時避難處，是人類與細菌好幾千年的默契與妥協；事過境遷，我們終於知道這是人類又一齣自導自演的荒唐戲碼，把無價的資產當成了廢棄物。

Section
04 菌酵本一家

《群的智慧》作者彼得米勒（Peter Miller）：「如果我們沒有模仿他人的天性，也就不會去追求最新時尚，講著流行俚語，也不會在颱風來襲之前，想搶先一步買些民生用品來囤積了。」

家是心之所繫

有一種經驗，看到素昧平生的人，感覺面熟，不只是面熟，感覺是那種很親切的熟識。繼續深入之前，所有科學理論都先打住，有時候，我們都得折服於老天爺的暗示，絕對不可能相識的兩個人，不同種族，不同國家，不同膚色，不同語言，其中一人為了其他目的而長途跋涉，最終兩人結為連理。

修行人的終極目標，是所謂「回家」的圓滿境界，這依然是科學無力詮釋的意境，除非科學承認不足，願意主張科學其實並不科學，願意承認真正的科學此刻沒有被界定在科學。「家」這個字存在一種魔力，一個地方被稱為家，歸屬感就產生，一種無形的召喚力會一直存在。在不健康的環境中出現突破重圍的力量，這股力道引領人們頓悟，

原來我們都是離家出走的人，不但迷路，而且失憶，最後發現身體才是家，憧憬健康境界就必須勇敢踏上歸途。

「家是心之所繫」，這句話在一家人難得團聚的時候就很有力量，這一群人很有可能只是曾經一起相處幾年的同窗，很可能只是長年一起打拚事業的夥伴。在我尋覓健康本質的漫長軌跡中，我有幸在生命的因緣際會中脫離醫療邏輯的束縛，一度也在維他命礦物質的營養學大海中漂流，最終竟然是目睹細菌和酵素在身體內的回歸和相遇。不，應該說它們都在，都不曾缺席，是我的腦袋讓它們「回歸」，是我的意識認同了它們的「復合」。

當我們食用了未經加溫烹煮的天然食物，食物酵素進入身體之後，隨即進入緊鑼密鼓的工作狀態，也就是所謂的發酵，我們一般以消化看待之。消化就從食物的天然酵素有無做出區隔，食物酵素只要主動扛起消化重任，我們的身體就得到喘息的機會，可是熟食一旦入口，食物本身不存在酵素，身體便主動承接分解消化的重任。至於身體所進行的消化，場域在小腸，參與的單位還有胰臟和肝臟，你真要把這一系列生化反應稱之為發酵，也未嘗不可。

發酵在腸道進行，身體從胰臟和肝臟置入了酵素，這是一個「物盡其用而貨暢其流」的階段，簡單說就是身體

不浪費一分一毫的資糧，非常精巧節約的運用資源。酵素權威學者艾德華郝爾透過「消化酵素的適應性分泌法則」詮釋了身體的高端智慧，身體經由對食物的辨識決定酵素的生產種類和量，在酵素資源充沛的前提下，身體妥善處置了所有的食物。郝爾博士的理論沒有瑕疵，唯獨解說得不盡完整，真相是身體的確也盡責，可是少了腸道細菌的支援，酵素的「適應性分泌」將不易完成。

益菌觀念在郝爾博士的年代尚未成熟，當時腸道神經系統和細菌之間的訊息傳導尚未明朗，大腦與腹腦之間的訊息迴路也還未進入廣泛的探討，「適應性分泌」因此完全遺漏掉細菌的角色。真相是在進行食物的分解之前，所有的溝通聯繫以及責任分配都先完備，郝爾博士所觀察到的資源充分利用涵蓋了所有參與健康營運的腸道細菌。

細菌，酵素，生命力

發酵在腸道區分成兩大區塊，除了打前鋒的消化酵素，還有守後衛的微生物群系。一個人健康與否的關鍵在菌相，可是菌相被食物牽制影響，吃的每一刻都在牽動菌相。可以是好的影響，也可以是糟糕的影響，關鍵在進入

腸道的食物是屬於提供酵素材料的，還是消耗身體酵素資源的；是不製造身體負擔的生食、輕食與發酵食物，還是完全必須仰賴身體處理的精緻食物；是優質菌相所需要的高纖維食材，還是腐敗菌最渴望的動物性食物。

細菌與酵素的互動關係既然明朗，細菌創造了酵素，酵素又提供細菌生命能源，細菌豐富了生物體的酵素材料，生物體則自製酵素豐富了細菌的生長環境。曾經這是地球上生物的最原始雛形，在還沒有人類的海水中，細菌逐步往更好的生存條件發展，在多細胞生物的進化路上，細菌與酵素之間的依附關係未曾缺席過。在我們人類腸道的生態系統中，依然清晰看得到酵素與細菌的生存模組，這即是維繫健康的根基，是我們都得珍惜的生命力來源。

你是在什麼機緣下認識酵素這個名稱的？你對於酵素的第一印象是什麼？是不是要接著問是液體狀的，還是粉末狀的？是不是同時得把幾個熟悉的大品牌也說出來？我們就試著把所有對酵素與益生菌的誤解一次澄清，把這兩者的名稱從商品的貨架拿下來，回到食物的原貌，回到與身體相關的細菌生態，回到渴望擁抱健康的初衷，回到身體的能量世界，回到細菌與身體的共生世界，回到我們真正健康的家。

　　捨棄了酵素與益菌在商品上的標籤，勾勒了完美的健康圖像，現實依然引領我們回到飢渴的此刻，我們渴望健康，也渴望有美食。必須先做澄清，我們所面對的不是對與錯的抉擇，是對身體好與壞的選擇，是對有利或有損健康的選擇。《生食，吃出生命力》點出人類在物質誘惑中活出的最高境界，作者柏坦寇女士經歷家人的極端病痛，也見證了醫療的無能，生命不但引導她認識生食，也賦予她完整的動機帶領全家人勇敢實踐。

　　她創造了身體裡面全酵素的環境，也為體內的細菌營造出願意為身體健康戮力以赴的繁殖力，菌酵本一家，柏坦寇女士或許沒有這些常識，卻透過身體感受了全能量境界的美好。至於持續接受美食誘惑的我們，或許告訴自己生活在不方便全生食的環境是藉口，或許缺乏吃全生食的勇氣也是事實，補充品文化適時填補了我們的缺憾，益生菌補充品也好，發酵補充品也好，兩者畢竟是熟食者渴求健康的生命力補給。

　　大宗植物發酵彌補了食物供需的不平衡，將可能在通路系統中被丟棄的蔬果送進發酵管道，將我們不可能全數入口的天然食材進行發酵處理，最後將我們很可能沒有機會吃到的營養素輸送到身體。益菌與酵素補充品消弭了身

體的消化負擔，把不需要身體花力道處理的營養直接輸送到位，對於燒烤油炸與肉食不離身的人，對於視食用烹調食物為人間一大樂趣的人，在吃的保健方面，或許是剩餘的慰藉。

05 細菌的載體

《細菌：我們的生命共同體》作者哈諾夏里休斯、里夏爾德費李柏（Hanno Charisius、Richard Friebe）：「腸內完全無菌的牛只要吃下一口牧草，便會立刻倒地死亡；誤食藥局前整車抗生素的馬匹也極有可能馬上將先前吃進肚裡的牧草或燕麥全數吐出來，就連白蟻一旦沒了腸道細菌也會馬上癱軟暴斃。」

紅血球是身體信息的載體

「在號稱學科學的人所不認同的科學中看到我所認同的科學」，這句話不出自任何人，而是我個人的領悟，是在摸索健康真諦中所堆疊的見解。我曾經也是「號稱學科學的人」，曾經認為飽讀詩書才是所謂的學問，研究報告才是真正的知識，數據才是證據。

曾經在血液學的實驗室中多次驗證自己不到 5000 的白血球數，最佳佐證就是每年都得經歷兩回換季大感冒，在接受醫學教育洗禮者的思考中，抵抗力差存在天生的羈絆，很容易解釋。走出醫學校門的前 20 年，自己當自己健康的裁決者，感冒一旦發生，不舒服歸不舒服，唯一的

怨言剩下運氣不好，免疫系統底子差，被病毒感染。

如今可以往前推個十多年，我真的不記得多久了，我成了不會感冒的人，推翻了自己白血球證據，也不再是無可避免的倒楣。只因為認真照顧自己的腸道，我長期把腸道提供給各式乳酸菌居住，持續關注牠們所需要的糧食，也透過定期斷食讓牠們有安居樂業的憑藉。針對抵抗力，我有「消化負擔」的體悟，理解了食用熟食對身體所帶來的負擔，也明白免疫系統隨時仰賴的酵素後援。

學生時代曾經用心研修血液學，從溶血性貧血和脾臟腫大之間的關聯，對於身體的自主性運作有了初步的概念。不需要意識操作，自主性反應出一種責任性的行動，攸關生命的保障，身體自動完成廢物清除的工作，包含不健康的血球。當時的我，還缺乏優先順序的概念，我是指身體的思考和決定，直到年紀大了而明白時間的價值，我更能同理身體珍惜生命的態度。

記得我們也將血液做成抹片，觀察血球形狀和寄生蟲，經過染色之後觀察白血球的種類，在血液的檢查方面，依然是數字當家，血色素和白血球數是常態性的檢查。真正讓我全方位認識血球，是在高倍數顯微鏡下觀察血相，這是很有權威性的一滴血檢測，是帶領我進入紅血球載體

角色的統計學。血球乾燥之後凝聚在一起，由於紅血球表面攜帶了繞行全身所收集的各種信息，這些血球的表面狀態影響了血球聚集的外觀呈現。

　　所謂信息，主要是身體的各種代謝物質，最令人驚訝的是情緒壓力等心理素質的訊息，經由統計資料，可以研判身體各處的毒素堆積和壓力狀態。可以說，成為載體是天職，我們對於紅血球的概念不再只是攜帶氧氣和二氧化碳，我們積怨很久的怒氣或者是樂天派性格，也完整記載在血相中了。

　　生活與工作中，每天要傳出去的訊息再怎麼多，都不會比身體還要多，身體是一部超級繁複卻很系統化的機器，激素以及各種神經傳導物質的分工，科學界已經掌握了輪廓。前面提的一滴血定性檢測，在習慣定量的人眼中或許被解讀成荒唐，長期透過化學視窗檢視身體狀態的人也經常批判物理性的檢測，永遠用人類的高度看待微生物的人，即將要對我接下來的陳述瞠目結舌了。

身體是被細菌接管的住所

　　我也曾經對病毒藉由促使人類咳嗽與打噴嚏以接觸新

宿主的說法不置可否，好比學者研判條蟲在小朋友肛門口製造搔癢的目的，就是指望沒洗手的小朋友傳染給旁邊的小朋友，你聽到這樣的邏輯，肯定得思考一會。所以我藉此篇幅提醒有緣人重新認識細菌，我們絕對有更換視窗的必要，從「低等生物」的角度看自己，我在所謂高等低等的部分猶豫了，因為體會，也很有心得，真的不是太能確定人類屬於高階的那一等級。

言歸正傳，我們可以無視於細菌存在於身上，可是很難否認自己就是細菌載體的事實。固氮菌生長在樹根附近的土壤中，幽門螺旋桿菌進入胃黏膜組織中，每一種細菌都會在最適合生長繁殖的環境落腳，即使環境條件不佳，微生物適應環境之後，強化生命力的能力超乎我們所能想像。有一個概念必須在此翻轉，是主控權在細菌身上，人類似乎擁有操控環境的權柄，可是最終一定是細菌增強了生命力，至於人類則犧牲掉自己的性命。

人類主觀認定細菌寄生的生命特質，比較不願意承認自己的身體是被細菌接管的住所。是細菌需要身體這樣的環境，還是我們的身體渴望成為牠們打地基的根據地？在1982 年所出版的《新英格蘭醫學期刊》中，羅斯和李羅斯（Jesse Roth、Derek LeRoith）兩位生物學家發表了一篇有

關胰島素的研究報告。他們經由實驗證明細菌才是分泌胰島素的先驅，這些單細胞生物擁有製造胜肽傳導物質的能力，類似的研究方向都在告知細菌和我們共享神經傳導激素的事實。

延續這個主題，細菌在腸道和宿主互通訊息早在科學界的藍圖中，可是人類僅僅把細菌製造胰島素的能力應用在醫療邏輯中，30 多年了，糾正視聽的工程依然延宕。或許，人類最應該進行的工程是認祖歸宗，先打從心底認同我們的老祖宗，全然臣服於微觀世界的無所不能，讓細菌回歸叢林之王的大位。就在視窗移轉之後，一切突然就顯得那麼的合理正常，從口腔、呼吸道、皮膚、泌尿道、陰道、腸道，細菌扛起了健康環境的維繫，不再是身體被細菌搞成疾病的溫床。

再把鏡頭轉到所有因為疑難雜症而衍生的醫病對話，醫生說「我必須多做一些檢測才能做出比較有把握的診斷」，病人問「為何我會得到這麼奇怪的病症」，這不是連續劇裡面才有的談話，而是發生在全世界所有醫療空間中。為何會如此？因為角色錯亂了，方向錯了，態度錯了，因為我們從來不曾就生物現象的本質看待自己的身體，而且從來不曾意識到自己就是細菌的載體。

簡單的事情重複做，熟練的事情持續做，健康之道脫離不了能
量的賦予，生命力的賦予脫離不了細菌與發酵的結合，最寬廣
的健康大道回到生命的微觀與初衷。

Chapter

05 膽識 Guts

感染與微生物之間，何來必然的相關？

污染與細菌之間，何來絕對的等號？

聚焦在障礙，停滯不前，害怕在堆疊。

永遠難突破，就是困難，恐懼在蔓延。

只有人類擅長擴大恐懼，

只有人類習慣藏匿膽識。

是貪婪滋長了恐懼，是無知撰寫了失敗。

是恐懼弱化了免疫力，是害怕阻擋了行動力。

Section
01 讓過敏在你身上絕跡

《好農業是最好的醫生》作者戴芙妮米勒（Daphne Miller）：「他很能體會赤腳耕種、吃自養的蜂蜜、喝自產的牛奶、青菜從來不洗的農夫，因為這麼做可以增加直接接觸土壤菌落的機會。」

歡迎來到功能性益生菌的時代

為降低醫療資源浪費的持續惡化，提供一個評估處方的角度，問醫師如果沒吃會有什麼樣的結果，風險何在，同時也自問是否真的有必要吃藥。如果醫師知道病人不會吃，他顯然沒有開立處方的必要，所以他勢必得提醒不吃藥的風險，問題是真的是如此嗎？這個問題顯露出醫病關係之間最矛盾的空間，而且永遠不會有解答，因為真正問題的源頭必須追溯到醫療的處方邏輯，那個頭痛醫頭而且只聚焦痛點的思維。

這是供需，是市場機制，這是從我懂事以來所熟知的醫療。快速有效是病人的需求，醫師的責任是回應這樣的需求，我觀察我父親的診療思維幾十年，一直都是建立在這個基礎之上。醫療與健康是兩條沒有交集的平行線，這

個主題我談了很久，它有其嚴肅的外表，卻必須從生活面輕鬆解讀。過敏的議題再度掀起醫療與健康之間不存在的對話，我的意思是兩者之間完全沒有對話，但是在一般的醫病認知中，對話一直都在，醫療足以處理過敏，得以成就健康。

先討論癌症病患是否應該要做化療的主題，我們都能體諒當事者的無奈，所謂的當事者通常包括病人和家屬，無奈指的是不知道如何做決定，又必須要做決定的處境。我不會協助做決定，也不會做任何的建議，我協助釐清環境的真相，包含醫療的環境和身體的環境。在面對醫療的時候，就尊重醫療的決定，我的所有提醒都是期望大家不會走到那一步，不是事到如今該如何抉擇。

類似的狀況，當我看到吃類固醇或是使用類固醇噴劑，除了同情對方的處境，我的疑問是，他不曾嘗試過功能性益生菌嗎？他的醫生不知道時代已經不同了嗎？就嚴重程度，過敏和罹患癌症不一樣，可以直接提供解方，就是必須直搗過敏發作的源頭免疫細胞的失衡，就是必須委託最貼近免疫細胞的乳酸菌出馬。至於益生菌是如何辦到的，牠們是如何安撫免疫細胞的，我的看法，這是優質生存力的演進，是腸道環境不佳激發細菌的適應力。

　　當銷售人員費盡唇舌解釋免疫細胞的失衡，益生菌又是如何糾正了失去的平衡，結果過敏患者不認真使用，甚至完全不採信，這一切就純粹是理論，是話術，因為大家都不是真的懂。話說回來，誰又真正懂美國仙丹類固醇的道理了？還不是醫生怎麼說就怎麼做。那些評估益生菌，到最後還是使用類固醇的，又該怎麼解釋呢？

　　關鍵在使用益生菌的心態必須有別於類固醇，即使在功能性益生菌的資訊和使用成效都看到治療的層級，建議還是把視野拉長，讓益生菌回歸保養的範疇，讓保健歸保健，讓治療歸治療。保養就是最好的治療，也是最有效的處方，當你不預期效果時，效果就出來了，當你聚焦在效果，再怎麼有效，都可能變成無效。

　　功能性益生菌的時代已經來到，不是益生菌廠商耍噱頭，也不是益生菌工廠玩心機，益生菌訴求功能，由不得你不信。可以說歸功於基因定序，也歸功於研究人員的巧思和辛勞，可是這些「功能」究竟不是研究的學者所賦予，是細菌實實在在具備的能力，是細菌在人類腸道的特殊環境中的演變。我們還是得從環境與習慣的養成中理解身體的邏輯，是細菌因應我們的習慣而變動，是細菌因應腸道的環境而有不同方向的生存力。

人類的墮落與細菌的茁壯

由於飲食多樣化，現代人腸道呈現複雜的多樣性。你可以很快在你的人脈中問出一位每天都得吃好幾碗白飯的人，在網路徵求很多熱愛吃甜食的人，而吃美食同時把身材保養得很好的人也不難找到。我們把腸道經營成極度不適合益菌生長，我們逼迫腸道細菌適應環境，住在我們身上的細菌必須迎合我們的飲食習性。

「真是的，我遭誰惹誰了？」這是我們很正常的情緒發洩，將心比心，這絕對可以是來自於腸子裡面的怒吼。似乎這些小生物不擅長抗議，牠們安分守己，牠們選擇遷就，牠們調整食物，牠們改造生命力。環境加上時間創造了生態，我們身上的細菌在改變，我們的體質也在改變。奉勸長期被特定體質所桎梏的人藉細菌議題醒過來，沒聽過「不變的真理就是永遠在改變」？

加工食物具備一種魔力，有點像愛情的威力，對現代人而言，愛上特定食物可是一點都不誇張，迷戀一種食物真的稀鬆平常。想念它，想看到它，想要擁抱它，一口咬下去之後欲罷不能，很難想像，但這究竟是事實，我們被食物掌控，甘願成為食物的階下囚。情況有點複雜，腸道

和細菌的環境畢竟超越我們所可以理解的層級，可是一旦忽視，有可能每天都在惡化。

對於特定腸道的菌叢來說，或許是凌遲，有趣的地方是，這些菌移植到其他人身上，竟然有機會變成救贖，某些菌在某個人身上是「壞」的，但移到別人身上就變成「好」的。自然法則再一次細數福禍相倚的劇情，基因定序技術也再一次在益生菌的研究室導演一齣傳奇故事，多少人生際遇不由自己安排，在對的時間出現在對的地方，或者在不對的時間出現在不對的地方。你正在閱讀的書本很可能就來自奇妙的巧合，建議你繼續搜尋，找到你身體最渴望的益生菌。

從演化的角度，人類一直在整合細菌和病毒的基因，我們就在改變的洪流中，只是不知道自己涉入的程度，也從來沒想到某菌株就是因自己的不當習性而整軍完成的。說得更明白些，是環境主導遺傳基因的表現，回溯 1987 年《自然期刊》上由哈佛學者凱恩斯（John Cairns）所提出的一份報告，這位研究大腸桿菌的學者以「後天性狀的遺傳」為題，強調後天環境主導了突變，也導演了下一代的遺傳。

用更白話的說法，是我們人類的習性促進了細菌的變

性，我們的墮落激發了細菌的茁壯。細菌的必要呈現成了我們意外的發現，這樣的存在其實一點也不陌生，有些細菌造成一些人身體的不適，卻對其他人毫無影響，可以是免疫力的問題，也可能是基因相容性的問題。談這些，其實不是鼓勵讀者成為專家，我們只要很當真的執行腸道細菌的旨意，讓時間來說明一切。

過敏的議題也是一樣，不再需要太多的論證，異位性皮膚炎讓很多小朋友很困擾，一直用面紙「包水餃」也導致很多幼兒無法正常生活。我會建議家長們多用功，好好研修細菌學分，拿出勇氣與智慧為孩子們解決問題。專家與實踐家最大的差別在內心世界的虛實，信心肯定來自於行動，不是紙上作業，也不需要專注在研讀科學家的實驗報告。

過敏不去思考要根治，才有機會根治，心態對了，才會有好習慣的養成，從補菌到養菌。再強調一次視野的重要，使用菌養生不能腦袋訴求治療，細菌會陪我們一直活下去，而且越活越健康，越活越有信心。切記，讓細菌伴隨，如果你有特殊需求，就讓功能性益生菌試試。

02 一定要打疫苗嗎？

《無藥可醫？》作者安德魯索爾（Andrew Saul）：「不是我的孩子為什麼不接受疫苗的『保護』，而是您的孩子真的有被保護到嗎？如果您是幼童的年輕爸媽，那麼接種疫苗對您來說是相當重要的問題。您希望給孩子最好的，沒錯，大家都是，那麼到底怎樣才是正確的決定呢？接種或不接種？」

真相只有一個

在進入主題之前，我必須先聲明，我相信疫苗會一直存在人類的世界中，或者你的下一代和衛生單位之間的聯繫，就很單純是打疫苗的通知。意思是，我們再怎麼深入討論，都不會改變很多已經根深蒂固的結構，屬於人類所建造的城牆，那座堅牢不容摧毀的主流意識形態。

所以我的訴求不是推倒那道高牆，是要改變你的觀念，期許有機會可以改變你的態度和行為。再繼續申論之前，必須從和這本書的主軸相關的細菌議題談起，話說與細菌對立的醫學院教育，至少在十年之前的立論絕對是如此。從不瞭解細菌的基礎所衍生出來的所有思考邏輯，的

確發展出影響人類健康的學說和行為，抗生素是其一，疫苗的發展是其二。

　　類似的話題很容易製造爭論，因為顯赫的功勳，因為有政府和媒體的支持，人類不習慣在美麗新世界中挖掘瘡疤，這是多麼不道德的行為。事實上在兩者分別被歌功頌德的時代，也沒有任何所謂的瘡疤，因為真正踩到紅線是後來的事，是在人類的自私和功利持續輸入之後。時間是生態穩定的必要因素，在特別美化的背後如果真有隱藏的醜陋，通常需要很長很長的時間，才會被看見。

　　我也不一定非得用到醜陋這樣的字眼，可是這屬於人類世界中必然存在的事實，就是在結構被重複複製之後，在很多人數鈔票的心術之間，骯髒與醜陋的元素就不斷滋長出來了。我們也不是非得從人性的角度談疫苗不可，這樣還是會讓很多人不開心，我的生命經驗總是會有案例提醒，享受利益的人當同時擁有權力，他們會很本能的遮掩更加擴大的貪婪。我強調本能，因為當事人否認得很自然，他們會聲嘶力竭的宣稱無稽之談。

　　有些悲情，我們在探索健康的路上還得解析人性，我希望點到為止，你必須自己想通，否則都是我煽動的。被命名為「吉安巴雷症候群（Guillain-Barre Syndrome）」的

一種自體免疫疾病就是流感疫苗的傑作，發生於 1976 年的美國，當時有 500 多人因為施打疫苗而幾乎終身癱瘓。我們都知道這只是冰山的一角，即使疫苗與自閉症的關聯被過度渲染，還是無法排除疫苗防堵病毒感染之餘，衍生出更多人類病痛的事實。

一位致力於推廣自體免疫疾病防治的中澤女士（Donna Jackson Nakazawa），在她的著作《自體免疫戰爭（The Autoimmune Epidemic）》中，有一章節的標題是這樣寫的：「一種有效的包裝方式：病毒、疫苗和重金屬」。當「儲存」出現在一種商品的製造動機中，人類就得無端承受很多原本不必要的傷害，大賣場貨架上的多數食品如此，我們吃的米之所以毫無營養價值也是如此，疫苗之所以曾經必須和重金屬綁在一起，儲存是唯一的理由。

就在我們對細菌與免疫系統之間綿密的互動有所掌握之後，更容易看穿疫苗在腸道可能製造出的破壞，不是病毒的片段不為免疫系統所辨識，是重金屬製造了不必要的紛亂。我的立論基礎是讓細菌來取代疫苗的角色，因為這一切的發展都源自於人類剝奪掉細菌的地位，在腸道細菌的重要性完全空白的時代背景，人類有機會碰撞出一些取代物。抗生素和疫苗的問世再有多少可歌可泣的英勇事

蹟，我們不應只看到外面，而忽略了更大更寬廣的裡面。

誰願意讓免疫系統表達意見了？

探討科學的人最後碰一鼻子灰，發現科學不再是科學的大有人在，我們的腦袋經過邏輯思考的訓練，最後也從理性邏輯走到混亂邏輯。人類玩不過自然法則，也掙脫不了造物的遊戲規則，大自然的脈絡和因果法則終究才是科學中的科學。

如果你正在思考我的說法，我很中肯的建議你放下所學，很用心的從細菌的共生特質演變成為粒線體的沿革去思索，也很刻意的從母體在產道及母乳中為新生兒所準備的有益菌去研判。一旦根源（因）脫離了細菌，結局（果）就是一個偏離中道之後的後果，我個人在研修健康門道的一路上，一直在體驗錯誤，一直在修正偏差，最後是在穩坐細菌的座椅之後，才看到全面的真相。

鑽研學問很容易就偏離主題，也經常在高談闊論之後，陷入自我保護的窠臼。不論有沒有研究它，我們身上的免疫系統一直都在做事，細菌也是，就像那隻永遠不會停下腳步的螞蟻。我想提醒你，免疫系統的本質就一直存

在於你體內，不管發育得好不好，其主動免疫和被動免疫（免疫球蛋白抗體）的本質都沒有改變，而在被動免疫的辨識系統啟動之前，第一關接觸病毒的就是白血球免疫大軍，還有體內的有益菌。

在部隊健全的前提下，病毒沒有侵犯的實力，牠們不但攻不上山頭，也無法從海域搶灘。這才是保養的概念，才是自然保健的本質，才是身體運作的實質，是造物、自然法則和母親共同努力打造的園地。大道至簡，就在我們偉大的身體邏輯中，一切都回到最原始的初衷，一切都在身體所具備的軟件和程式內，由細菌和免疫系統所搭建的防衛網絡足以捍衛一切，我們單純做好最基本的維繫。

我沒有針對疫苗的理論談太多，也不再就免疫系統的分類做詳實的討論，該寫的，該談的，很多前輩都談了許多，也研究了很多。應該說，相關研究報告可能有數萬份，談論疫苗的著作也應該有數百本，免疫系統的學理性分析也都列在所有醫學教育的免疫學課程中。我只不過多加了一些元素，把益生菌和免疫系統所串連的防線凸顯出來，把大腦和腹腔中的免疫益菌連線整合起來，把所有忽視細菌重要性的論述都暫時擱置一旁，就豁然開朗了。

我們且把時空背景再拉到自己幼年施打疫苗的畫面，

我的記憶還很清楚，是在學校保健室，排隊等候打針，年紀更小則毫無印象了。或者回想帶自己的小孩去打疫苗的時候，也不需要對孩子有任何的虧欠，只思考那無法預知的併發症，只想想那可能二十年後才顯現的後遺症。這些都不一定會發生，也不保證不會發生，重點還是身體能做的，我們何苦委由外力來執行，而且為自己寶貝的子女增添無謂的風險？

Section
03 深化斷食，健康開悟

《吃的美德》作者朱立安巴吉尼（Julian Baggini）：「痛苦本身是種不愉快的感覺，但那是當下的感知經驗，過去就過去了。人類的自我意識較其他動物發達，不是因為我們能體驗當下（其他動物也會），而是我們能根據當下的體驗串成一連串的生命故事。」

完美投胎

　　一直很嚮往一群好友相約爬山，那些周末假日相約捷運站集合的畫面還歷歷在目。早晨在山林道路行走三、四個小時的感覺真是美好，尤其是那種有點辛苦而又不是很辛苦的級數，走到衣服濕了，全身多巴胺滿載了，身體的傳導充滿著感恩的回饋。感恩自己的態度，感恩相約的朋友，感恩沿途美麗的景觀，感恩天地合一的簇擁。

　　幾個小時的美好時光很快就過了，我相信在那全身筋骨舒暢的下山路途中，所有人都忘了爬山的辛苦，反而會在年紀與忙碌事務的提點中，多了些辛苦的慰勞。這是我對早晨這段時辰的描繪，是晨間工作的經驗法則，同時反應在我周圍所有執行晨斷食的心得回饋，忙碌的早晨，很

快就過去了。可是當時間拉長到一個星期，情況終於有所不同，沒有勇氣的人多了，藉口一堆的人多了，半途而廢的人更是不計其數。

我自己也不時會經歷不成功的斷食，發生在隨機性的起意，那種不是一定要做的隨意，自己也不是很滿意這樣的動機，可是情境在，食物在，家人朋友的誠意在，不健全的斷食計畫就中斷了。斷食，是老天爺在這個世紀送給台灣最棒的禮物。需要天時、地利與人和，台灣的地理位置和高山與平地區隔的氣候，加上一群用心呼應老天美意的台灣人，最適合斷食的營養材料就這樣誕生了。

可以這樣解讀消化，就是身體做不來的，委託細菌處理。而完全不讓身體辛苦，直接委由細菌全權負責，把全植物性食物交給細菌發酵，最終成品就成為斷食最佳的食物取代物。我不需要再解釋肚子餓的疑慮、勞力工作者的疑問、如廁不方便的問題等，光是我們一群人的信念就足以說服有心的人，沒有經驗的批評就止於最有智慧的評斷。

發酵的工法實際上源自日本，如今在寶島發揚光大，我深信未來中國大陸和東南亞都將設廠跟進，即使環境條件不如台灣多樣化，酵素斷食究竟是保健養生的大趨勢。回到天造地設的斷食天堂台灣，我為隔岸觀火的人感到極

度的惋惜，說出一長串理由還不如走進來品嚐一回，這是台灣土生土長最貼身的福利。

　　我生長在台灣，自己的人生背景就為這件事量身訂做，從醫療跨足到養生保健，這兩者就由兩個字整合，叫做健康。我看到的現象，就是風中殘燭的哀怨和悲情，談到健康，都是嘆息聲，都是難過的現實，都是寧可接受西藥荼毒的無奈。其實老天哪裡虧待我們了？人生路上都是我們自己堅持要出走，是我們執意不走老天鋪好的道路，是高級的造化低估了身體裡面的基礎建設，是我們的大腦誤解了以細菌為主體的腹腦。

你如何能不斷食？

　　細菌成就發酵，酵素也成就細菌。當這些元素催生市場上的叫賣聲，民眾更加誤解細菌的本務；就在感染與流行性疾病汙名化細菌之餘，民眾更不可能相信細菌才是我們生命最大的依靠。我從預見益生菌大趨勢到進入酵素斷食的領域，正好滿十年，又在近三年強烈感受到為細菌正名的龍捲風，時間沒有刻意安排，應該是我再次向細菌致謝詞的時候。

　　我從小就接觸醫藥，那是我家，我生長與成長的環境，所以藥物進入我身體是天經地義。我父親相信藥物，他開處方給病人，也開給他的家人。從幼年到成年，我經歷過腸道敏感的辛苦，往好處想，是身體在排毒，過去不曾聯想到抗生素。沒錯，我就是吃抗生素長大的孩子，那是個只知道抗生素的好而不知道其傷害的年代。

　　萬一沒有覺知到每下愈況的可怕，萬一沒有在 20 年前調整好心態，我現在應該是慢性病纏身的胖子，有可能早就蒙主寵召。肥胖來自腸道，所有疾病都源自腸道不健康，很多人即使知道這個道理，卻不曾感受到這種惡性循環失控的程度，也不曾意識到自己獨力承擔善後的現實。失控是時代潮流，是社會現象，是我們腸道裡面的世界，是我們觀念與知識的淪落。

　　善後當然要行動，可是善後不單指行動，而是一種態度。以我個人為例，過去的十年，我為自己過去的無知進行了善後的工程，未來的十年，我將為我後半輩子的無病痛人生繼續未雨綢繆。覺知到自己身體必須力挽狂瀾的那一刻，是我經歷能量斷食的初體驗，感受到身體有一種異於往常的暢快，那個訊息很直接，我知道那就是健康，就是健康的方向。

　　我很幸運，有環境的孕育，有舞台的陪襯，還有自己律己甚嚴的性格，我走進一段有計畫的身體淨化之路，一段把肝臟、腸道、血管以及脂肪細胞清理乾淨的路程。如今，沒有斑點而且發亮的皮膚就變成我的招牌，回顧到那個對健康開悟的關鍵點，有一種體悟，有一種要改變的強烈動機，有自己即將脫胎換骨的信心。可是這不是歌功頌德的時刻，我是小小的種子，期許能繼續發芽，讓更多種子可以經歷我所經歷，體會到我所體會。

　　我們沒有讓腸道健康的環境，就必須有讓腸道健康的態度，我整本書的主軸圍繞在細菌和環境，可是精神面都不出態度與習慣，這是我觀察到的全面性不足。確信自己福報不錯，因緣際會經歷了人生的初斷食體驗，超凡的感受與心得完全凌駕了辛苦，不吃之所以不會很痛苦，因為我知道後面的投資報酬率太可觀。從第一次的信心到之後的每一次淨身計畫，我已經不記得十年之間和身體深度對話的次數了。

　　我更確信沒有任何方法可以取代斷食，尤其是訴求在短時間之內可以清除腸道汙垢的方法，因為身體的回應和努力都需要時間，時間的囤積也需要時間來挖出囤積。我不反對腸道狀況很糟的人採取水療或咖啡灌腸，可是少掉

能量與時間的堆疊，身體對於重度汙垢的處理能耐有限，當事人無法清出深層宿便，也無法體會身體的回應。

斷食的威力不在淨化身體，不在燃燒脂肪，不在排出宿便，而在自信心的淬練，在健康是心法的全面覺悟。感謝發酵，感謝細菌，感謝微觀世界的主動積極，感謝天地為所有生命的缺憾做了填補，感謝造物竭盡所思的圓滿了這一切。

04 晨斷食

《預測大災難》作者藍費雪（Len Fisher）：「在做抉擇的時候，群體能比大部分的個體做出更好的決定，但前提是，個體發出的聲音必須是互相獨立的。這件事的反面是團體迷失，也就是出現一個主導者，扭曲眾人的想法，並且阻撓不同觀點浮上檯面。」

兩種價值的衝突

上百隻綿羊等距離分散在草地上，牠們各自安靜吃草的模樣，從遠方看就像是一幅畫，這幅畫的名稱應該叫做合群。「掉下懸崖的羊群」不是一種傳說，它真實發生在全世界很多牧羊人的眼前，最近一次發生在 2014 年的新疆。牧羊人只需要把領頭羊訓練好，所有羊群都會乖乖跟隨，就怕來了一陣怪風，把領頭羊吹下了山谷，接著就是牧羊人看著橫屍遍野的羊群痛哭。

從人的觀點，或許「盲目追隨」會是腦中合理的解讀，只是針對羊群的盲目，我們多半是豎起大拇指，還是竊笑低等動物的智能不足？我們或者已經意識到羊這種動物不貪生怕死的特質，或者也可以推測牠們根本不知道何謂貪

生，又何來怕死？或者這有點類似人類的忠肝義膽，至少也像是我們在人際關係中的情義相挺，可是如果這一切到頭來，還是「盲目」兩個字蓋棺論定呢？

人比羊高等嗎？這真的是我很誠懇的問題，單純探討合群與膽識兩個主題，我相信自認為高級如你我等，最後都會敗下陣來。真相或許真不方便揭露，可是一旦真相大白可以拯救很多人，卻因為發言權的權柄掌握在少數既得利益者手裡，同時因為知道真相的人懦弱，只能高舉明哲保身的大旗。我想說的是，我們都懦弱，我們都在別人的屋簷下發表違心論，我們都在必須要說真話的時候，重度怯場。

有時候合群也是一種懦弱，就在我們自以為是正直不阿的忠誠，就是我們都理所當然的群起效尤，我們甚至不知道自己正在為虎作倀，完全沒有警覺到自己的堅持顛倒是非。在人的世界中，出現一件做起來很有成就感的事情，或者是很有幸福感的事情，小心這件事被誇大成為一種價值，有可能變成一種學說，最後這個價值成就了商業利益，也扛起了事業王國，反面的聲浪找不到發聲的管道。

「兩種價值的衝突」一直是我課程的重點，不是我刻意挑起，它就是存在，成為人性課程的最佳考題。我從節

省的角度探討打包文化，接著從健康的立場檢討隔夜食物；
我也從營養的角度呼應傳統的健康論述，接著再從能量的
觀點分析身體處理食物的負擔。推翻了對錯的爭議，進入
價值順序的取捨，在人性的角力中，只要不論及推翻，就
還有商議的空間，只要保留存在價值，基本上不致於翻臉。

　　所以就盡量打包吧，只要確保當天就有人可以吃掉；
所以就全力吃補吧，只是切記毒素廢物得先清除。類似的
價值對立還有不少，最強有力的鐵板就屬吃早餐的主張，
延續民間「早餐要吃得像皇帝」的教條，也順應「一天之
中最重要一餐」的常識，尤其我又曾發現一份「不吃早餐」
的研究報告，結論是中餐的食量遠大於有吃早餐者的早餐
午餐總量。

早上不製造身體負擔

　　似乎完全沒有推翻早餐重要性的空間，尤其早餐又是
一天之中最具幸福感的一餐，間隔了一天中最長一段沒有
進食的時間，接觸到食物的感覺自然非同小可。我想再強
調一次這個主題，不是對錯的爭議，是很有可能對的價值
擋住了更對的價值，一個也許沒有瑕疵的主張掩蓋了一個

更沒有缺失的主張，早餐其實不是一定得推翻，順從身體的倒垃圾邏輯，我們透過「能量取代熱量」的原則，超越了早餐的不可取代，成就了身體的高能量生態。

這不是理論，必須透過實踐，必須有充分的樣本數來支撐其成效，我在證據確鑿的信念中推敲身體邏輯，在身體得以每日順暢排毒的動能中，找到這件事非得在早晨進行不可的解釋。或許有人認為我這種解釋稍嫌牽強，多數人不習慣從身體的立場思考，自然無法明瞭身體不希望早晨啟動消化運作的殷盼，不清楚身體在日間與夜間是兩套不同系統運作，當然會我行我素，身體怎麼想是身體的事。

「不吃早餐」不是我的論點，「早上不製造身體負擔」才是我的重點。英國白金漢大學副校長奇利教授（Terence Kealey）2016 出版《我不吃早餐（Breakfast Is A Dangerous Meal）》，他深入腎上腺皮質醇（Cortisol 可體松）的研究，從早晨皮質醇的最高濃度分析了早餐的風險，和我主張早晨不製造消化負擔相互呼應。奇利教授發現皮質醇與胰島素阻抗的關係，連結到早餐製造高血糖和高血脂的危害，得到的結論理性解讀並非捨棄早餐，而是切記在早上遠離高升糖食物的誘惑。

例行性斷食養生的我，長期讓身體早上不被熟食干

擾，身體的能量與情緒都處於穩定的高峰，能夠合理反推每日早餐都是麵包三明治的隱藏性危機，也深刻體會到心肌梗塞和豐富早餐之間的連鎖關係。好幾年之前，我就曾經以「早餐店老闆不要看」在部落格撰文，我知道吃早餐具備一種集眾人意識的強大力量，也能理解以碳水化合物為主食的人是多麼渴望早上那一餐的溫存，可是這種社會力量必須要承受後果，是被稀釋在各個角落的後果。

我曾經在某協會演講，當提到醫療禍害的時候，現場一位醫師夫人站起來抗議，論述現象的議題被解讀成人身攻擊，講真話還得顧及人身安全。也曾經在一次菁英讀書會導讀我的書，結束之後聽到現場一位專科醫師對我的主張提出反面意見，我深知負責任是站在第一線的承擔，我們是把結緣結在對方人生的更加圓滿，還是引導一條逆向的道路，終究得接受自己良心的評量。

主流醫學容不下過度嚴厲的批判，這也不難理解，領頭羊果真會碰到一陣怪風，這也是現今社會的現實。能夠體會我說「健康不是學問」的人都是實踐派的人，能夠聽懂身體聲音的人都是立刻進入執行的人，知道必須要遠離醫療的人都是熟悉腸道菌相的人。我可以預見 10 年、20 年後的養生風潮，益生菌保健肯定佔據最大的市場，不為

什麼，因為簡單，因為方便，因為我們都得回歸腸道的最原始生態，因為趨勢肯定要往回歸自然的方向發展。

談到趨勢，也談到早餐的變革，我有必要把自己十年的完整心得濃縮在早餐的議題上，期許繼續精進，可是不容妥協。結論還是細菌，是細菌提供了方便之門，是發酵供應了早上的能量，是台灣的地理環境優勢讓我體會到最佳的晨間養生模式，如果還是得貼上早餐的標籤，我的早餐就是益生菌和酵素，就是一壺承載滿滿能量的發酵飲品。碰到出國工作或旅遊，依然是一壺能量飲品，如果必須因應情勢進入餐廳，就多出優格和沒有負擔的生菜。

胰島素阻抗的致命延伸

曾經聽說所謂的「第一百隻猴子效應」，談的是一種關鍵的突破和延伸，關於群體意識的快速延展，猴子新學習的特殊能力在短時間之內傳播開來。我早期對這種觀點的解讀不完全是這樣，當初定調成不同區域的個體產生相同的想法，思考和念頭即使獨立運作，也很可能在完全不相關的個體中分別獨立運作，而產生出相同的結論。

兩位日本醫學家渡邊正和鶴見隆史或許互相不認識，

他們分別以《要命的早餐》和《早上斷食，九成的毛病都會消失！》為名出書，談的都是我們在台灣推展多年的觀念。如果把英國的奇利教授所撰述的一併分析，我更確信趨勢在醞釀，正義和智慧持續在進行群體意識的串聯，我們在台灣所做的很可能代表著關鍵的爆點，即將有關鍵的第一百人、第一千人和第一萬人。

我熱愛深度思考，深度閱讀之餘，對於書籍論述的遴選也有我的敏銳度，即使堅信健康靠實證，我依然期許透過一些國內外前輩的提點，引領我突破。經過長期跟隨馬克海門醫師（Mark Hyman）的著作和資訊，和飲食密切相關的關鍵主題濃縮在醣類，也可以說是血糖議題。先做簡單的提醒，大環境一定遺漏了什麼，一定在重大的議題中忽略了什麼，也就是所有健康議題中存在隱藏的突破點。

長期把自己的健康信念歸功於斷食，也深信斷食的功夫和習慣養成將牽動未來的養生趨勢，我個人則在深入斷食的能量境界之後，體會到是身體各器官組織的能量運用方式提供了邏輯上的突破。一般正常狀態下，身體的能量來源是葡萄糖，以現代人的飲食內容分析，葡萄糖的供應鏈不虞匱乏，尤其每天都會經歷好幾波的血糖震盪。斷食的過程中，葡萄糖被身體保留給腦部使用，脂肪酸變成過

程中的能量來源。

關鍵在能量源的取捨，這是身體的一種保護措施，也是身體的智慧，因為腦部只能運用葡萄糖，身體很本能的保留珍貴的資源給大腦使用，這是胰島素阻抗的深層邏輯。奇利教授在《我不吃早餐》中分析了早晨在血液中的高濃度脂肪酸，而脂肪酸正是胰島素阻抗的訊號，也就是身體在可以使用脂肪酸當能量源時，會以拒絕血液中的葡萄糖因應之。

因此早晨並不合適進行高升糖飲食，畢竟是胰島素阻抗的高發期，反而增加了脂肪的儲存和肥胖的機率。研究代謝症候群的學者普遍都知道血糖震盪是關鍵因素，也知道胰島素阻抗是伴隨的效應，可是他們很少留意到早餐才是導致代謝症候群普及化的關鍵。嚴格說，發生在細胞和胰島素之間的互動關係並不直接造成傷害，是延伸下去的各種效應具備致命風險，包括心血管疾病、癌症、糖尿病併發症和老年癡呆。

前文所提及的隱藏突破點正是早餐，正是被民間廣泛強化再強化的超級誤會，我們在不對的時間強化了不是太正確的行為，結果正是我們今天所面對的重症恐慌和醫師處方。這樣的分析判斷交給重視早餐的人研判，很可能被

評為無稽之談，可是在執行晨斷食多年的一群人認知中，這是佐證身體語言的合理推論。我必須再強調沒有爭辯的必要，這不是對錯的辯論，是身體是否渴望這樣的境界，是身體是否已經適應這樣的境界。

人類割捨不掉早餐的魅力，就好比病痛時忘不掉對藥物的需求，十多年的能量養生心得只能關起門來論述，畢竟開門出去處處都是靠餐飲和醫療文化吃飯的人。假如我是牧羊人，應該不致於讓我那群羊走險路，也不會偷懶到只訓練一隻牧羊犬，應該期許大家都有機會成為領頭羊，讓覺悟的影響圈不斷擴大，我們的社會很需要那振衰起弊的吶喊，大家都在行動中開啟身體暢通的大悟。

05 儲存糞便的時代到了

《細菌：我們的生命共同體》作者哈諾夏里休斯、里夏爾德費李柏（Hanno Charisius、Richard Friebe）：「我們無法改變與身俱來的基因，但我們應該試圖讓共生菌的基因變得有用，因為每個微生物基因都可能是讓人變得更健康的一個契機。」

從儲存生命到儲存糞便

我曾經把醫生做了簡單分類，一種是學者，另一種商人。或者說每一位醫生都具備這兩種特質，只是比重偏重在哪一個方向，而多數醫生會偏向學者，因為多半有讀書人的氣質。至於商人，印象中也有兩種類型，一種是只要是錢都賺，另外一種只賺良心錢。你覺得一般的銀行家都是哪一種商人類型，我期許自己有朝一日不需要和銀行往來，因為儲蓄不單只有銀行一種標的。

藉由銀行的形象來談儲蓄，透過儲蓄理財，同時為老年儲存生活費用，這應該是現階段很基本的理財觀，而且每個人都應該養成儲蓄的習慣。經營健康也是一種儲蓄觀，當你從食物酵素的方向切入身體的需求，接著從斷食

的體驗累積對身體的認識，對於把食物酵素的生命轉成自己的生命，將出現翻轉式的體悟。接著把定期定額的理財觀置入健康的執行，儲存生命變成為每日的例行公事，健康就是以日為單位投資能量在自己身上。

能量乃食物的生命呈現，是生命之所以精進與茁壯，在能量運轉的微觀世界中，看到細菌和所有生命密切連結，領悟到細菌對於大自然生命鏈的不可或缺。生命可以儲存，食物乃儲存生命居間穿針引線的角色，只要是保存酵素的食物，只要是保留食物原始酵素的發酵食物，只要是身體的細菌所需要的食物。慈善銀行家尤努斯偉大之處，在他平等看待每個生命，人權在存活與儲蓄兩種需求之前，每個人都一樣。

每個人都要學習養生，每個人都得練習儲存生命，儲存生命的視野不單是酵素分子的能量中樞，還有體內幾百兆的有益菌。腸道是人體微觀生命的聚集地，是我們所有生命現象的根據地，是免疫系統的主要集散地，而菌相生態的健康就是身體健康的基石。近幾年掀起話題，同時引起全球各大醫療機構留意並投入，與前述的健康基礎相關，就是糞便移植。這是在極短的時間之內，讓醫療專業人士從不可置信到完全臣服的一套翻轉重症的治療方式。

　　理論上沒有人會在第一時間相信這種治療，如果不是親身經歷，不是病情惡化到生不如死，誰願意相信糞便的療效？這非但不是藥物，也不是營養劑，糞便所代表的是細菌，糞便移植所代表的是細菌生態的取代，是菌相的複製與重製。也就是健康人腸道生態被濃縮移植到病人的體內，就是合格糞便捐贈者的腸道菌相被轉到病人身上。

　　根據網路訪談影片的說法，成為糞便捐贈者比進哈佛大學還要困難，因為只有 5% 不到的合格錄取率。應該說在不久的將來，在糞便銀行成為主流的時候，在糞便移植成為醫院的熱門掛號科的時候，合格者每天如廁都是一種獲利模式，而且是活得越久、領得越久。當然，捐贈者比須定期通過檢核，必須維持在優質的飲食作息，必須擁有高人一等的腸道菌相生態。

　　以我個人執行並且輔導斷食的經驗，透過益菌和酵素斷食，而且在正規復食之後，斷食者擁有最佳的腸道生態，有計畫規律執行者尤佳。在歐美地區，成為合格糞便捐贈者勢必是飲食講究者，也許茹素，也許以發酵食物或生食為主食。至於需要做糞便移植的人，我主觀認為是所有不合格的人，可是會願意求助於這種認知上違逆常態的療法，當事人肯定病情不輕，或者是重度肥胖者，應該就

是這些期望快速改善的動機。

何以糞便變成了藥物？

　　現榨果汁冷藏後，水果裡面的酵素繼續熟成，放久了變酸，所以丟棄；吃剩的熟食一樣冷藏，怎麼放都不感覺壞掉，不會酸，微波之後依然可口。這是一般家庭主婦的食用邏輯，她們忽略了兩種食物之間的差異，前者有酵素，後者沒有。從身體的需求角度，從體內細菌的食物方向，前者是好的，後者不再是好食物。

　　看待食物，我們或許顛倒了事實，看待糞便呢？我們從小到大都是怎麼看待糞便的？在內心世界中，我們都是怎麼安置上大號這件事的？很大方的談論嗎？我們每天花時間檢視自己的糞便嗎？旁邊的人應該會覺得你蠻無聊的。可是大便真的另藏玄機，認識大便絕對會為健康開啟另外一條道路，很用心經營大便肯定會是健康人的態度和行為。

　　我們從儲存生命開啟糞便移植的議題，兩個主題共同點就是生命，我們期許從嘴巴進去的是豐富的生命力，每天也都在排便中折損大量的細菌，相當於一部分的生命

力。有點類似紅血球記載著全身所有器官的訊息，糞材全程經過腸道之後也攜帶了腸道的完整菌相，是活著的訊息，是生命的訊息，是身體的免疫訊息。可以這樣說：我們儲存生命在身體內，也記錄生命在糞便內。

因此健康人的糞便就隱藏著珍貴的保命資糧，是腸道重度失衡的人最渴望的一劑「強心針」。包括所有腸道慢性發炎症候，包括死亡率不低的困難梭狀芽孢桿菌感染，包括腦部老化退化的相關症候。針對後者，英國一位診療中心的創辦人很低調的接受訪問，他可以從成功案例研判腸道菌相與神經系統的密切關聯，在法律與官方強力背書之前，一切都在他的客觀分析與主觀認定之中。

根據糞便移植的成功案例，針對多發性硬化症和巴金森氏症的改善甚至痊癒，間接佐證腸道菌相、免疫系統及大腦之間的三方通話。我個人研讀相關資料有一種心得，由於自己本身也經歷這種應對態度，很熟悉的感受，那種言談中相當程度的保守謹慎，實際上在內心的堅定早已經毫無障礙。由於長期用菌養生，生活中不停在驗證腸道生態的情緒起伏，我很能理解工作壓力所加諸在細菌身上的負面影響。

證據太多，已經沒有懷疑的空間。如今，美國食品藥

物管理局（FDA）已經承認糞便移植的治療成效，也開放
了醫療單位針對成立糞便移植部門的申請。當然，我們將
繼續見證為反對而反對的樣板戲，永遠視糞便為身體最汙
穢的廢物，拒絕接受排泄物可以救命的大有人在。這齣戲
將被我們繼續觀賞下去，有錢人寧可花大筆鈔票做了一系
列檢查，有了診斷，卻依然不確定病因，然後永遠無法對
症，也永遠都治不好。

關於糞便移植的問題

我的作品有經常讓讀者不適應的地方，那種似乎有話
沒有講完的感覺，而我的解釋總是留給讀者自己去思考。
或者刻意，或者也不是故意，我總覺得用腦袋才有機會突
破，可是思考也必須連結到動機，而我所引導的一律都是
為那長遠的目標，眼前的即時利益總是被我捨棄，這是我
在第一線推廣養生保健的心得。針對糞便移植，有必要多
談一些，可是我並沒有實際經驗，單純從學理呼應這「偉
大的惡臭計畫」。

畢竟糞便移植還是應付那短效期待，還是難免進入治
療的思維，還是會有一系列反對與贊成的爭論，我更希望

在我們的生命中，永遠都不需要用到它。回到現實面，我圖的是正確的引導，期許大家都回歸生活，回到與菌共同經營健康的習慣，回到最務實的養生保健。建議把益生菌規劃成每日最優先的養生習慣，我更鼓勵把補充活菌置入斷食計畫中，讓髒亂的腸道有一股全新的活力，讓退化的身體得到復活的生機。

我已經從時效和動機面解釋補充益生菌和糞便移植不一樣的地方，兩者最大的差異在菌相生態，即使是多重菌種補充，完整性和多樣性絕對不及糞便，前者屬於局部取樣，後者則是整體生態系統。台灣已經有醫療系統在規劃成立糞便銀行，這部分在美國、英國、澳洲都已經走在前方，香港也已經成立糞便銀行，從治療的角度，這是觀念的革新，也是腸道意識的復甦，我們預見也樂見這一條欣欣向榮的「優質大便回收計畫」。

至於實際操作方面，我個人樂見「糞便膠囊（Crapsule）」的方向越趨成熟，我相信不久的將來，完整的腸道益菌生態就濃縮在一顆膠囊內，來自於合格的捐贈者，全力拯救最需要的對象。有一位合格的糞便提供者這樣說：「我很高興每天都要做的簡單行為，還可以幫助需要找回健康的人」，可是這個所謂「每天都要做的簡單行為」，其實是累積了多年

的紀律和好習慣，最值得鼓勵的是這些人具備資格的成因，而不是單純所呈現的結果。

　　想成為一位合格的糞便供應者嗎？不，我的問題應該是，想成為真正合格的健康人嗎？如果你必須經常性服用藥物，你已經出局；如果你無肉不歡，你肯定也出局；如果你熱衷燒烤油炸，我想你的機會也不大。既然期望值都在，何不直接檢視「每天都要做的簡單行為」，超越坐在馬桶上這檔事，是每天能量取代熱量，是每天補充足量好菌，是每天走路一萬步，是每天有曬太陽和接觸大自然的機會。

　　糞便移植帶來關鍵的省思，關於現代人的腸道生態，我們都必須承認遠離健康本質的事實。這是環境與時代的問題，是現代文明所必須承受的善後議題，最難收拾之處是民眾的觀念迷失，是民眾對於健康經營已經落入捨本逐末的情境。在我的周遭，多少親友寧可把生命交給不相干的外人，把身體健康交給醫療體系，在時間流逝中填補生病的劇本。在我看來，真是情何以堪！

Chapter

06 負擔 Load

依賴削弱了能耐，便利驅逐了承擔。

顧此就失彼，無關緊要拖累了絕對重要。

垃圾不清就堆積，毒垢不除就傷身。

積少會成多，沒關係遲早有關係。

今日不努力，遲早成為明日負擔。

Section
01 養豬場的一場大火

《大難時代》作者瑪格麗特赫弗南（Margaret Heffernan）：「真是羞愧，我們必須透過鴕鳥來比喻自己的行為。法官就是真的需要鴕鳥，當他們在法庭上引用刻意視而不見時，被稱為發出鴕鳥命令。無論在科學上是否正確，我們都承認人類有時候寧願忽略事實，來幻想衝突和改變不存在。」

老闆，來一條烤香腸

開車由南往北走敦化北路，過了八德路，映入眼簾的是現在台北人很熟悉的小巨蛋。短短一小段路，充滿了述說不完的美好回憶，往前推 20 年，那裡是棒球迷聚集的台北市立棒球場。文化人與棒球之間可以激盪出很多煽情的火花，我個人認識幾位不打棒球的棒球痴，他們寫棒球，評論棒球，他們可以為棒球場香腸攤的油脂寫出勾引唾液的棒球文學。

我曾經玩棒球，也看棒球，熟悉職棒上萬人的喧嘩，喜歡坐在內野近距離聽快速球進捕手手套的聲音，同時也享受邊看棒球邊吃便當的愜意。棒球可以連結特定食物，

美日有很多棒球場有屬於自己的棒球美食，在台灣，我想不出比烤香腸還要有代表性的東西。我提出棒球食物的話題，或許其他熱鬧的場合也一致，那是熟食的天堂，沒有容納生食的空間。

或許是肉與火交手所發出的噗滋噗滋聲，很貼近鬥志也鬥力的投打對決，棒球場的爐火和烤肉香從來都不曾冷卻，只要球賽在進行。至於生菜，通常只是烤肉進入麵包的陪伴，這是主角與配角的區隔，反射在我們日常生活中，熟食是主角，生食是配角，一直都是如此。生食與熟食成為健康議題不過才是近十年的事情，至少在我這十年的人生是如此，我必須挑戰大眾的美感經驗，因為事關健康觀念的傳承。

那是生平頭一遭的七天沒進食，當我體會到原來身體還有一種境界可以追逐，相關書籍和研究快速進入我的生活中。我一直相信一本書就可以翻轉人生，我的故事正是如此，當時台灣還沒有《酵素全書（Enzyme Nutrition）》和《生食，吃出生命力（12 Steps to Raw Food）》的中文版，我在這兩本書作者的原始文字軌跡中發掘到黃金，透過絕對的勇氣糾正自己過往的錯誤觀念，記得那是一段非常清晰明辨的洞見之旅，自己形容成在健康修行中開悟。

　　十年了，我講述「消化負擔」已經十年，心得是，聽懂的不少，可是真正從執行中體會的不多。我只能說，環境太多誘惑，民間認知距離真相太遙遠，處處都是明知自己的習慣不好，卻寧可選擇逃避的思維。就我實際接觸的個案，寧願一輩子吃藥也不願意改變飲食習慣的人不少，我們都清楚這種念頭最後的結果，不願意面對無法逆轉的那一刻，卻在行為態度上積極爭取要接近那一刻。

　　我理解情境的威力，有時候心底的慾念像飛蛾撲火般的竄出，內心也不見交戰，當場被征服。有些時候就很需要理智出來調解，健康這條路就在理性與感性之間拔河，有可能到達天人交戰的程度，通常理性不容易戰勝，可是理智知道，必須爭取更多讓理性獲勝的機會。健康好比修行，每天都要被老天評分，今天過關，明天可能死當，就期待晉升到絕對會及格的階段。

吃飽了沒？

　　很多人不解，我也曾經閃過這樣的念頭，何以我們必須檢討熟食的問題？何以熟食的食量會是扳倒人類健康的一股力量？單純思考解決不了這樣的疑惑，必須不斷在減

少食量和斷食的練習中，讓身體回饋想法，讓身上的細菌和酵素送回來最真切的回應。

食物和身體不間斷的在互動，食物和腸道細菌之間隨時都在考驗彼此，細菌的板塊受到食物的影響，細菌的繁殖力也被食物所牽動。熟食和生食在此創造出一個分界點，就食物自身酵素的存在與否，就身體介入消化程度的深或淺，就食物所賦予身體和細菌負擔的強或弱，一消一長之間，一加一減之間，在行動中喚醒身體意識的覺知和自癒力的覺醒。

所謂一消一長，是指身體可以休息和必須投入工作之間，是指身體原本可以委託食物和細菌全權處理，如今卻必須啟動胰臟和肝臟全力加班工作。我發覺身體不好的人總是忽略消長的道理，該休息而不休息，該睡覺而不睡覺，然後在最不該吃東西的時候大吃，在通宵熬夜的時候吃宵夜，在胰臟應該休息的時候繼續分泌酵素，在肝臟可以全力修補的時候處理酒精。

把熟食連結到飽腹其實是一種誤解，吃飽的經驗值幾乎都有賴熟食的進駐，一定得把胃填滿，必須等胃傳輸滿足的訊號。這種感覺的真面目是身體的負擔，是胰臟肝臟的酵素生產線已經滿載，免疫系統與腸道細菌已經做好迎

接大混仗的準備，身體周邊酵素材料供應會有一段時間的短缺，腸道即將又進入階段性的重整。

把熟食連結到好吃也是人造的誤會，調味料的存在不可小覷，食物分子大混雜所創造的多樣性感受也不在話下，食物的溫度所釋放的溫暖也留下美好的印象分數。其實我們的味覺很憧憬原味，其實我們的感覺神經都在尋根，其實我們都很享受讓食物自己處理分解的悠哉，其實天然食物中存在一種會釋放生命力的香氣，其實我們都很樂意感受到腸道細菌的歡喜愉悅。

當年在搜尋人類為食物點火加熱的歷史足跡，獨到英國歷史名著《論烤豬》的推論，令我不覺莞爾，即使這是虛構的故事，基本上我傾向接受生命所安排的誤打誤撞。從未吃過烤乳豬的豬農不小心引發了豬舍大火，他沒有刻意把燒死的豬拿來當佳餚，是企圖拯救豬隻的時候燙傷了手指，就在嘴巴舔傷口的同時，燒烤的香味和香脆豬皮的美味誘惑到他一向安靜的味蕾。

探討食物的歷史純粹為自己增廣見聞，不能算是工作的一部分，我主觀認為和我們冀望追求的無病痛世界關係不大，可是美食所發展的深度和廣度就舉足輕重了。主要是食物所帶來的生活情趣太有吸引力，現代人在社交應酬

中逐漸折損翻轉健康的實力，現實和慾望是兩大侵犯我們的漩渦，我屢屢見證曾經企圖力爭上游的人被漩渦席捲，拒絕不了誘惑，拒絕不了情境的魅力。

劇情多半都雷同，不吃對不起客戶，不去對不起老闆，沒吃飽對不起請客的人，不吃完對不起掌廚的人。在那些酒酣耳熱的要脅和鼓譟中，我們是如何讓被招待的人重重耗損生命，實話是，我們永遠沒有機會知道。在要求兒女多吃的堅持與固執中，我們是如何讓下一代的壽命持續在縮短中，實話是，我們也永遠沒有機會知道，責任歸屬自己一貫的理所當然和不求甚解。

現今的飲食文明已經徹底遠離健康的本質，多數人的飲食習慣可以形容為誤入歧途，關心吃飽是因為誤解吃飽，一定得滿足飢餓感是由於高升糖主食的血糖效應。事實上，只要吃飽，身體就不舒服，只要多吃，腸道益菌就不開心，因為我們吃的食物總是搞到牠們的生活環境既汙濁而且髒亂。

Section
02 血糖的催促

《不生病的生活實踐篇》作者新谷弘實:「現代營養學與我的酵素理論,哪一方正確?我相信讀者們傾聽自己身體的聲音後便可以了解。」

你上癮了

我想你一定懂「飢餓難耐」是什麼樣的感受,連結到補充食物之後的滿足感,之前的飢餓感絕對刻骨銘心。學生時代餓肚子的記憶還很鮮明,往往發生在早上的第四節課,經常餓到沒有辦法專心上課,腦袋裡面想的都是中午的便當,媽媽才做好的,熱騰騰的。

我們很幸福,每一餐都可以吃到提供滿足感的食物,可是一天之間有好幾次的機會,美食當前,我們並沒有感受到幸福,因為不缺,因為選項很多,因為我們忘了自己很幸福。假設有一位三天沒東西吃的乞丐,你送他一個便當,看他狼吞虎嚥的吃狀,你或許覺得那才是真正的幸福。

出門走走,去到每一個市集,車站、賣場、企業總部大樓、百貨公司、醫院地下室,到處都有美食,到處都是連鎖餐飲,每一攤都聚集很多人垂涎駐足。對了,在台灣,

絕對要追加一個去處，叫做夜市。要不是肚子的容量有限，有時候真想多走幾攤，給它吃撐。

如果財力不是問題，想吃什麼，就去吃什麼，相信不少人會同意，這才是真正的幸福。吃和幸福感的連結這麼的緊密，而且強度很夠，或許，從來就沒有機會思考一個問題：這，真的沒有任何問題嗎？會不會這種感覺本身就是個問題？我個人理性的觀點支持幸福感和吃的連結，唯獨要更為理性的駕馭這種情境存在的頻率。

經常聽到這樣的話：「肚子餓的時候會發抖」，還有「肚子餓會情緒暴躁」「怎麼可能一餐不吃？這樣會死人的！」這個時候，快速聯想電影裡面吸毒者毒癮發作的畫面，感覺是不是有那麼一點雷同？程度有差異，從身體運作的角度，有沒有可能是同一件事？

記得三天沒吃東西的乞丐嗎？還記得第四節課來自消化道的躁動嗎？你覺得「飢餓難耐」比較接近哪一種情境，不要忘了，坐在教室的可都吃了早餐，一杯阿華田、兩片塗了果醬和奶油的土司，有時候媽媽還加了一個荷包蛋。

有想法嗎？想想接下來一餐都沒得吃，哪一個人忍下來了？哪一個人呼天搶地了？有答案嗎？是誰「飢餓難耐」了？

　　我不鼓勵你去當乞丐，只想鼓勵你好好認識你自己身體的運作邏輯。

　　真的不需要辯論，問自己的身體最準，才幾個小時沒吃就餓得發慌，還發抖，還想罵人，眼神中充滿了殺氣。我的解讀是身體不爽，可是我們解讀錯誤，我們該深入推敲的是：身體在不爽什麼？身體到底在釋放什麼訊息？

　　這個議題的主軸也許不是吃多了，是吃的頻率有問題，是我們三餐的主食有問題，這裡所謂的問題不見得是對錯的評論，是食物有沒有違逆身體的運作本質，是我們的主食是否侵犯了身體原始的調節系統，還有，身上的細菌是否適應我們常態性給予的食物。

　　飢餓、發抖、暴怒，都屬於高升糖效應，是血糖震盪頻率過度，是米飯麵食等碳水化合物所造成腸道的發炎現象，是腸道環境不佳所釋放的負面情緒，是身體已經進入被動的抵制和抗議。乍聽之下有點迷糊，甚至不解，因為我們對於大腦與腸道之間的聯繫不甚瞭解，因為我們不知道腸道細菌主控了腸道與大腦之間的訊息，而我們的主食都不是細菌的菜。

　　或者，我們可以試著調整裝載很久的理所當然，接受身體與細菌之間的磨合，順應它們所期許的穩定與平衡，

減少體內的高升糖頻率，降低腸道慢性發炎的火焰。或者，我們可以根據不舒服的生理症候，連結到自己飲食方面的缺失，深度檢討變更飲食習慣的可行性，以細菌的需求為需求，以腸道益菌的主食為主食。

或者，我們也願意從毒癮的徵兆研判自己「食物上癮」的可能性，別忘了我們吃過量熟食，我們吃了很多非天然的食材，我們的食物中充斥著添加物，熟食的食物分子所創造的神經傳導和美感經驗遙控了大腦的思考，也許，上癮才是這檔事這麼難以根治的原因。

再換個立場，或者，生食者所觀察體會到的「熟食上癮」才是今天肥肉滿街橫行，現代人病入膏肓的真正原因。

酵素不足症候群

提到「熟食上癮」，我回想起很多不以為然的面孔，這是我宣導斷食最經常面對的敵意，那種「我已經活到此刻都沒事」的嚴正抗議。這些道理不是教科書上的東西，也不是大眾媒體上面最被討論的話題，因為偏離正統行為太遙遠，因為距離自己最熟悉的慣性太遙遠，大腦會出現一個直接對立的指令，反而錯過開啟健康大門的機會。

要不是自己親身經歷過，我的自信不知從何而來？經歷過斷食，經歷過讓身體作主人，經歷過和身體深度互動，經歷過斷食卻完全沒有飢餓感的境界。看到很多人連嘗試都不願意，連一次都不願意給自己的身體機會，這個結局也只有讓「佛度有緣人」來做註解。

撰寫此文的此刻，我剛從花蓮探視一位長輩回來，我太太已經高齡 80 的三姐夫，由於日前三度中風而臥床。我想藉此案例推敲身體的邏輯，因為這樣的例子正好完全反應一般人思考的迷失，總是認為「飲食節制」和「多運動」雙管齊下就能健康」。

20 多年前，三姐夫首度中風，從此他左半邊的手腳活動即受限，講話也有些許障礙，可是生活面可以正常維持。針對中風的案例，我們看到的是結果，原因不是只有塞血管，真正的因素在時間與習慣，血栓不會在短期之內形成，是常態性缺乏酵素的結果。

提到酵素缺乏，不小心又會進入羅生門，各家理論和好東西又要搬上檯面。其實說穿了就是熟食過量，就是身體缺乏能量，講得更精準，就是身體有限的酵素蘊藏被消化熟食提領掉，當事人沒有在吃水果、生食和發酵食物方面下功夫，缺乏腸道細菌意識，也沒有補充酵素和益生菌

等能量材料的習慣。

　　回到我姊夫的個案，他在中風之後不再和家人共餐，單獨享用清淡蔬食，唯獨經不起酵素不足的時間考驗，身體沒有力道清除血管壁汙垢，令人遺憾的結果終於又發生。媒體不時就會傳來某某人因為心梗而去世的消息，或者是某某人罹患某某癌的新聞，就我個人的記憶，聽到某某人最近裝了心血管支架的頻率還不低，這些人只要聽懂兩個主題，憾事或許就可以避免，分別是「消化的負擔」和「胰臟製造消化酵素所造成的身體物流大壅塞」，這是把觀念轉成行動的關鍵動機，屬於我課堂上講述的重點。

　　對人不夠信任是一種成長效應，發生在從來沒有信任感養成的人身上，這些人的父母親從未示範信任感的身教，總是懷疑人的意圖。不信任人也就不懂的信任身體，更遑論去信任我們肉眼所看不到的細菌，根據我接觸人的經驗，不少人習慣輸送不信任感，因為自己對人缺乏信任感而抽離家人的信任感，因為自己的主觀而葬送掉親人成長的機會，最後終將賠掉自己的健康。

　　我們的身體好比一本存摺，酵素就好比金錢，可以預先儲存起來，也可以運用複利概念做長期投資，長程規劃，可是得每天做，每天練習，每天存款。有補充益生菌習慣

的人，一旦在飲食上講究，提供細菌所需要的食物，就可望產生可觀的複利效應；願意每天做的人總比三天捕魚而兩天晒網的好。

身體有其使用守則，老師沒教，父母也不懂，醫學院教人體解剖，不教人體使用。我們都只學到聽專家的話，結果專家自己都搞不清楚方向，帶領我們一起迷路。專家要求我們靠藥物控制血壓和血糖，他們處理身體症候的方向幾乎都滿足短暫而迫切的需求，經常抱怨血糖低導致手抖動的人，不久的將來很可能就是每天要藥物控制血糖的人，因為這就是醫療先進最拿手的解方。

這一切的一切，似乎都存在回歸正途的暗示，飢餓難耐的時候，真的是需要大快朵頤一番。可是長久之計，真正的治本之道，是讓這些感覺傳輸不再極端表現，靠的是多吃能量食物，就是讓腸道細菌開心的食物。

Section

03 臭臭

《轉變之書》作者威廉布瑞奇（William Bridges）：「混沌，並不等於一團糟，事實上，它是一種純粹的能量狀態。不管是人、組織、社會或其他事物，唯有重回這個狀態，才有可能重新開始。只有當你用舊眼光去看，才會害怕混沌；換個角度來看，混沌就是生命本身，只是還沒有被賦予具體的形式罷了。」

臭的提示

國中時期補習英文，我們放學後前往老師私設的補習教室，全班大約有 30 幾位同學。記得我都是洗過澡才去上課，襪子也換過，可是一群人集合之後，教室只有一種味道，英文老師最常說的第一句話是「拜託你們洗過腳再來」。這種臭味在學生身上不會太稀奇，在熱愛運動的男生身上是必備的標記，我兒子有一個健身和打籃球專用的提袋，打開的味道連貓都不喜歡靠近，我有一回還差點被他幾天沒洗的臭襪子嗆昏。

味道和細菌有關，請千萬不要將臭味和邪惡相連，我寧可接受細菌的良善提醒，感謝牠們製造這些酸性物質

來警告我們。製造臭味的不是細菌，是我們自己，從人體身上所散發出來的臭味，是我們不小心留置了不該留的東西，多半是食物的殘渣和身體排泄廢物所引出的液體。細菌順應環境而繁殖，味道順應細菌的基礎代謝而產生，生活習慣不佳的是我們，運動流汗的是我們，忽視排便重要性的也是我們。

　　這裡出現一種理所當然的認知，臭是不雅的，令人不喜悅的、反感的。仔細推敲，合理研判這是天造地設的巧思，從身體出來的臭味是警訊，是迎接疾病的徵兆。只要你累積豐富的人際互動經驗，對於特別愛吃肉食的體味，突然有所體會，其實把肉和臭連結，也是我深入腸道世界之後的深刻體悟。繼續把肉食連結到罹患癌症的機率，愛吃肉的人腸道不太有健康的機會，吃肉的人大便特別臭，或許連口臭和體味都要把帳算在肉上面。

　　原諒我指陳出人類不長進的地方，愛吃肉和大便會臭必須合起來思考，我們卻都習慣把兩件事分開來認識，我們吃各種肉很正常，糞便是臭的也正常。這兩造之間的連結就是細菌，透過味道提醒我們要留意健康警訊的也是細菌，偏偏人類就是合理化的高手，我們人的腦袋和嘴巴習慣聯合起來自圓其說，合理化自己的嘴饞，合理化如廁之

後必須淨空廁所的無奈。

　　事情合理之後就自然延展，食量更大，臭味更劇，結果是容忍自己三天不大便，連睡在你身旁的人味道一天比一天濃烈，卻只被歸咎於年紀增長的必然結果。不是我想像力豐富，就在此刻，我得建議你整合所有看似合理的不合理現象，投射在人滿為患的醫院空間，必要時也試著串聯到因為癌症過世的爺爺奶奶，還有所有早晨起來一陣呼吸困難，接著倒地不起的人。

　　再強調一次，千萬不要責怪細菌，即使對於整個局面的失控，牠們似乎脫離不了關係，可是細菌真的有阻擋事情惡化的動機，動機之外，是牠們表現出全力以赴的態度。其實只要換個習慣，換種態度，換了環境，最後轉換時空背景，一切就都不一樣了。因為細菌可以扮演健康的尖兵，因為腸道的主力菌種都是免疫系統的良師益友，只要以有益菌的食物為主食，少量肉食被快速打包送走，上廁所絕對不會製造令人不歡喜的味道。

糞臭素

　　我經歷過深度體驗與指導斷食的十年，從同時賦予身

217

體高能量而且沒有食物干預的個案統計，從執行斷食者的口腔氣味所收集到的資訊，現代人的腸道真可以用「亂象」來形容。這是身體傾全力整頓腸道環境的過程，下腹腔的味道從口腔溢出，多數人初期無法理解如此濃烈的味道是打哪出來的，比較正確的解釋是自己幾十年口腹之慾的殘山剩水。

舉個應該要排便而沒有排便的狀況，譬如會議，譬如旅遊，譬如不習慣在外頭解大便，最後便意消失了，自己也忘了。假設這些糞材硬生生在直腸多待了一天，判斷一下，糞便會發生什麼樣的質變，腸道空間會多出多少細菌的代謝物，可能都沒有想過的，是繼續發展出不利健康的毒素生態。

當糞便的水分被回收，排便的困難度提升，排出來的糞便難聞度也提升，發生在自己身上時，很有必要想想體內細菌繁殖的方向。大家所不願意面對的真相來了，其實我們每天都把糞便擱置在身體內，主要是吃的纖維素少了，精緻肉食多了，誤以為每天都有排便的人，其實都是每天在囤積糞便的人，以為有排乾淨，事實上沒有。

這個議題沒有針對性，可是我得提醒經常打包食物以及吃隔夜食物的人，很可能就是生活習性特別節省的人，

因為念頭都會反應在身體內，因為腸道所呈現的可能就是時間不夠支配的結果。腸道的味道其實隨時都可能反應在嘴上，斷食過程口臭之所以尤其彰顯，道理就是身體的能量轉換，體內能量集中火力的結果。

　　我把身體形容成現代人的廚餘桶，不是沒有道理，所有吃相都會轉成腸相，而多吃生鮮蔬果和發酵食物，就會轉成優質的菌相。我用十年的經驗鼓勵你斷食，不僅要做，而且要熟練，要持續變成有計畫性的好習慣。身體的味道和囤積都將在自己一次又一次的努力中清出來，想要健康就必須拿出態度，想要遠離疾病卻又提不起勇氣，這是相當矛盾的邏輯。

　　就在經常性的淨化斷食後，我的飲食習慣已經不同於以往，腸道的效率也遠遠優於過往，我在一個月生食以及一陣子白天生食的演練中，體悟到身體丟棄腸道廢物的功夫，也透過自己的感官見證糞便可以沒有臭味的事實。還記得首次看到「糞臭素」這個名詞是在高中時期的生物參考書上，當時並不清楚這是細菌發酵的產物，以為糞便裡面自然含有這種物質，也直接合理化排便空間的不雅味道。

　　我目前是在嗅覺最靈敏的階段，其實只是身體的本能被我激發出來，只是養成計畫性的斷食習慣，只是很努力

的清除身體的汙垢。經常必須在人聚集的地方容忍身旁的異味，我其實不應該苛求，很多人真的不知道身上的味道不好聞，他們也不知道這些味道來自長期的飲食習慣，更不會有人提醒他們味道的來源在腸道。常在課堂上談起路上行走的「宿便」，雖是開玩笑，可是說你的體味來自於長期沒排乾淨的糞便，這應該不是玩笑話。

　　至於新生兒「便便」的「臭臭」，那是授乳過程中的正常現象，腸道菌叢的基礎建構工程尚在進行中，尤其發生在剖腹產的嬰兒，他們肚子裡面的細菌幾乎不是母親身體最原始的規劃。「臭臭」並非必然，「便便」頻率高才屬必然，能上廁所絕對是好事一件，常上廁所也不需要太困擾，要怪就怪自己愛吃，然後吃了又不認真排，排了又排不乾淨，最後變成必然性的「臭臭」。

Section
04 就少那一句真話

《第三選擇》作者史蒂芬柯維（Stephen R. Covey）：「傲慢的主要癥狀就是沒有衝突，如果沒有人敢挑戰你，如果你無法從別人身上獲得任何意見或忠告，如果你發現自己說得太多、聽得太少，如果你完全沒有時間應付那些與你意見不同的人，那麼，你恐怕就離崩壞不遠了。」

傲慢與懦弱都是摩登產物

不同的人，可是相同的一句話持續播放著：「我相信你，你只要告訴我怎麼做就行了！」我不敢小看這句話，也一直在觀察這種態度的結果，最終，居然連結到社會風氣的委靡，我看到人們都善於自我欺騙，逐步邁向不健康的目的地，同時告訴自己無所謂。「都一把年紀了，還學什麼？只要給我範本，我願意照著做。」聽起來誠意很夠，也不是沒有道理，只要願意做，不就是好的開始嗎？

我教養生，我分享健康心得，可是我沒有辦法發測驗卷考試，我只觀察態度，而態度是完全裝不來的東西，態度在你的肢體動作和眼神中，態度也完全顯露在你所提的問題和意見中。講到這，很多人又要將我和嚴肅畫上等號，

221

總是讓我為難，偏偏紀律又是健康生活必要的元素，內化的動機是現代人經營健康不可以缺少的驅動力。

如果我們告訴子女：「你都不用出去工作，只要在家聽我的指令做事，我的財富足夠養你一輩子。」你以為這樣做能教出什麼樣的子女？我們都希望子女有出息，我們都懂子女必須有自己獨立的本事，可是我們卻用另外一套標準看待自己的人生，告訴自己可以偷懶，容許自己可以不需要負責任。這是我觀察到的大面相，是社會氣氛的集體敗壞，健康不需要努力，到處都有人提供速成的方法。

人有想法，人又很沒有想法，意思是，該是沒有想法的時候很多想法，該有想法的時候又沒有想法。總是會看到為自己的遲到和缺席講很多理由的人，還有為自己不是太健康的呈現提出很多看法的人，而在我眼前不斷上演的這些畫面，讓我觀察到自己不堪的過往，有一種態度自己從來都不願意面對，叫作傲慢。每一種口吻都很熟悉，每一種辯解都是那麼有印象，每一種很有禮貌的客套，背後其實都是隱形的傲慢在操控。

曾經在書上探討過「肺腑之言」和「粗茶淡飯」兩個主題，強調這兩個元素在位高權重者身上的式微（請參閱《健康是一條反璞歸真的修行路》），形容聽到的都不再

是真話，吃到的都不再是身體真正需要的食物。相對的角色就是你我所代表的平凡眾生，暫時不去討論粗茶淡飯的部分，我們所吃的並不相對符合這樣的標準，值得追究的是我們不再說真話的部分。不說真話和說假話不同，不刻意欺騙，可是把應該說的真話隱藏了起來。

我指的也不是看場合講話，是不敢得罪人，是沒有勇氣冒犯上司，是報喜不報憂，是違心論統領了腦袋的思維。其實，這是身體的另類淤塞，是隱藏在我們身體裡面的健康障絆，是生理和心理從此無法統籌協調的柵欄。只看到對自己有利的，只想知道和自己的好處有關的，我們的眼神開始夾帶著閃躲，我們的表情逐漸遠離了誠意，我們的肢體語言充滿著目的性。

很多人仗勢著權位，憑藉自己的專業和職業，經常性的指鹿為馬，結果弄假成真，顛倒了是非。我有機會領悟，現代人不健康有絕對的因素來自性格上的懦弱，同時是一種行為上的傲慢。這不是我們的本性，是環境的潛移默化，是有樣學樣，是大家已經習慣性的虛假。對於身體的本質而言，這是一種負擔，因為遠離了真相，因為習慣將就，反而浪費了身體的成本，虛耗了身體的能量。

讓好花恆久開

提出懦弱和傲慢的共同存在，與其說是指責批判，不如說是自己的反省，因為情境使然，我也懦弱，在我心中依然呈現傲慢。那是和一群長輩在一起的某個場合，大家在談血壓，每個人的數字各自不同，現場有服降血壓藥物的過半數。一位和我年紀比較接近的長輩有血壓輕微偏高的跡象，他堅持不用藥，結果現場是接力式的警告和恐嚇，當事人沒有回話，我也保持安靜。

有意見卻不發表就是懦弱，心中對於這些觀點嗤之以鼻就是傲慢，這是我事後對自己的檢討。不打算增加對立可能是我當場的心理素質，畢竟形成相互抬槓也沒有意義，我們都很習慣那種毫無交集的意識形態過招，不是嗎？可是類似的觀念會持續在我心中蔓延。吃藥不好，卻又一定得吃藥；必須要保養，卻堅持沒有空保養，這樣的矛盾意識就活生生躺在現代人的價值信念中。我比較訝異的是，所有人幾乎都束手就擒，毫無企圖反抗的意思。

這就是我十多年以來一直在聲討的驕傲與自大，呈現的就是無明和無知，主張別人所主張，宣導別人所要你宣導，執行讓別人更加驕傲與自大的舉止。我們都看過眼睜

睜看著自己的房子被洪水沖刷掉的驚悚畫面，也看過幾個人在洪流中擁抱，結果還是被急流沖走的影片。請問那一刻是否可以往前推到有人濫墾山林的畫面？是否和姑息不肖砂石業者濫挖土石有關？我們不為自己，總得為下一代想想吧？

　　不吃藥有立即的危險，這種念頭是怎麼來的？如果不是危急狀態，如果非急症，這種觀念完全沒有成立的基礎，可是卻在很多人的強化中導致保健觀念持續的淪喪。我自己深刻反省，檢討自己曾經犯過的錯，包括不應該說的話，包括任何為自己的目的而讓別人承受損失的主張。在我的人生旅途一直觀賞成功與失敗的戲碼，有別人演的，也有自己演的，有多少案例只是個人的私念，只是一個負面訊息的散佈，只是一顆老鼠屎的汙染。

　　我們在國家社會所設定安排好的軌道中成長，我尤其幸運，生長在醫療資源豐沛的家庭背景，一路有人提點，也有自己的目標。意外的是，我居然在中年才增長智慧，赫見自己戴著眼罩的前段人生，幾乎就是瞎子摸象。離譜的是，我曾在醫學的養成教育中扮演好學生，卻從來不知道腸道保健的道理，也從來沒有針對細菌的正面觀感。

　　將我的生命道路擴大投射到社會面，就是現今所演變

　的真實情況，大家都只知道用藥，不知道細菌才是維生的良方，很少人知道把腸子用心經營好才是撥亂反正之道。所以反過來思考，如果多一句真話，多一個提醒，多一次溝通，多一場講座，是否有機會喚醒一些人的覺知？是否會有機會免除掉一些家族的共業？

　　關鍵都我們抵擋洪流的能耐，關鍵都在是否有多一些人加入反制的行列，關鍵也在多了那一句真話，多了一雙非常有誠意的手，多了一群非常有行動力的身影。

05 憋出問題了

《富爸爸，賺錢時刻》作者羅勃特清崎（Robert T. Kiyosaki）：「什麼都不做，並且希望到時候什麼事情都不會發生，但是就如同我的富爸爸所說的：『希望都是那些沒有希望的人才會採行的辦法』。」

排便習慣不良症

　　有一種人，到了用餐時間，卻完全沒有吃東西的意願，因為不餓，真的不需要吃；多數的人則用行動配合用餐時間，肚子裝得下，就代表應該要吃。如果這樣的區分可以拉到健康與不健康的結果，就大數據的原則，我認為可以成立，是的，光是吃的態度就可以粗分。

　　肚子餓卻沒吃，時間一過，不餓了，這該怎麼解釋？其實身體的前後狀態差異不大，只是之前傳輸了飢餓訊息，有可能是假訊息。人類的習性和慣性經常驅動美好記憶的喚醒，發生在愉悅的事情，尤其在愉快頻率升高之後。經常大吃就會渴望大吃，經常唱歌就會很想邀朋友唱歌，經常打牌就很想打牌，經常約會也會提升約會的興致。

　　肚子飢餓頻率太高就代表飲食內容出了差錯，這是

經營健康的超越性視窗，一直去迎合大腦前額葉的慰藉訊號，結果就形成馬路上處處是胖子的景觀。肚子餓該不該即時進食，沒有一致性的答案，治本之道是不讓「吃非常多」去回應「非常餓」，不論你有多少應該馬上吃的理由，適可而止絕對是上策，見好就收肯定是智慧的表現。

現代人吃得多，動得少，可是這並非不健康的唯二因素。在你提出「排便有障礙」後，我必須補充，正確的解方在菌相。最適切的分析是腸道菌相的惡性循環，是被口腹之慾綁架，是沒有經營腸道的觀念和行動，是糞便習慣性留置的環境污染，大家都輕忽排便的重要，大家都不認真看待腸道的菌相。

不能不吃有充分理由，不排便也有正當理由，這也是我經常要面對的人性陰影，講這些話的人都把自尊隱藏得很好。便秘不是流行病，卻是很流行的疾病，吃進去的和排出去的不成比例，這才是真正值得留意的全民通病。實際情況也是最恐怖的事實，多數人終身沒有機會在這樣的錯誤中覺悟，也沒有機會驗證自己失序的行徑，死亡證明書上所填寫的也不會是排便習慣不良症。

即使每天排便的人，也都有輕重不一的宿便問題，這是吃熟食的必然結果，是身體處理食物之後的能量不足，

是熟食推動過程的正常黏附。實際狀況還得加上現代人的忙碌和高壓生活，可能由於時間不夠而略過一次便意，造成糞便滯留所引起的淤塞。和餓肚子訊號不同之處，便意的訊息不被接納之後，多出了後遺症，除了糞便的水分被身體回收，糞便裡面的毒素也同時進入身體的循環。

真的就不方便呀！

看到滿臉暗沉，甚至長很多痘痘的人，我聯想到他的腸道，我研判他忽視上大號的重要，這些人有即刻改變的必要。到處都是臉上沒有光澤的人，到處都是上廁所不方便的人，到處都是立刻需要進行腸道改造的人。想到廚餘，想到那腐敗的惡臭，想到到處都有糞便殘留的腸子，想到發炎充血的腸黏膜，想到已經力不從心的腸道肌肉組織。

大腸癌的個案數居高不下，可以說都是不重視大便的結果。隨機詢問幾位女性上班族，談一下每日的作息狀況，她們都承認在時間的壓力下，有時候不得已把大號省了。「回家後再上」的念頭就是惡性循環的開始，慢慢就出現如廁障礙，正常一點就是細細短短的壓力便，否則就是勉強擠出羊大便。很難想像生活壓力把身體搞成一個垃

坮桶，很多人最後只得向胃腸科醫師求助，還有人買浣腸回家處理。

「憋」這個字說出很多人心裡的痛，可能不完全是過程中的難過，而是面對殘酷結果的痛，很可能就是想逆轉都更困難的病痛承受。身體回收毒素的能力超乎我們的想像，想像糞便在直腸囤積一天，除了讓腐敗菌有更多製造毒素的機會，也導致身體回流更多的毒素。我鼓勵中老年人以一天一餐為目標，所謂餐指熟食餐，可以是中餐或是傍晚吃晚餐，如果可以養成在睡前排便的習慣，成就了睡眠品質和腸道乾淨程度。

「憋」也牽涉到心理層級，這是從罹癌個案所累積的分析研判，那些把鬱悶和不平隱藏在內心深處的人，那些對於被責罵和失敗耿耿於懷的人，那些對於旁人充滿懷疑和猜忌的人。這些情緒毒素大量囤積的結果，大腦不斷把負面情緒往身體輸送的結果，一定會等到擋土牆龜裂然後潰堤的那一刻。

時間拉回來此刻的你，真的奉勸你腦袋裡面不要跑出「還不急」的回應，總是等有時間再處理的態度。所謂的處理並不是去買協助排便的益生菌那麼簡單，是觀念和行動上的反饋，試著從斷食一天開始進行停損，如果有優質

的液體酵素會更理想，讓身體有足夠的動能清除掉腸道的糞便。

　　腸道效率差是「多」的後遺症，在很多人的潛意識中，腸子似乎存在可以無限量承載的空間，可以肆無忌憚的吃，似乎也都認為時間很多，只要有空再坐馬桶就可以。排便不是經由水龍頭開關的設計，腸道也不是一條隨時可以拆下來沖刷的水管，唯一有本事觀到自己體內健康乾淨的呈現，就是維持健康的菌相，而且勤快排便，有計畫的進行斷食。

　　已經嚴重便秘的人還有一天三餐的實力，我深覺不可思議，肚子內已經盛裝滿坑滿谷的毒素，身體需要的是停止進食，全力大掃除。從學習少吃到不吃，或者從學習不吃到少吃，我的經驗是採取後者，少吃的尺度自己訂定就是沒有尺度。這是一種自我負責的訓練，說「已經吃很少了」都還存在對自己的姑息，真正有決心改變的人話不會多，他們會展現令人讚嘆的成果。

健康，是一條經由認識身體進而體恤身體的旅程，
是一條經由愛惜身體進而順從身體的道路。

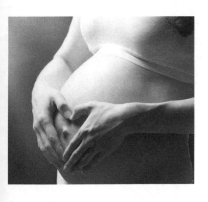

Chapter

07 母親 Mom

母親是愛，至高無上的大愛。

母親是細菌，百折不撓的生命力。

母親是大地，處處都是生命泉源。

母親是自然，生命運作的不變法則。

母親是如來，萬物俱足的慈悲造物。

01 無條件的付出

《關於人生，我確實知道…》作者歐普拉溫芙蕾（Oprah Winfrey）：「知道有人在你不順的時候，關心你好不好，這就是愛了。我很慶幸有機會確實知道了這件事。」

最美麗的安排

女人心裡面在想什麼？從女孩到成為女人，從少女到成為少婦，從女兒到成為母親。我一生中近距離觀察過的女人，除了我母親和妻子外，還有一些交情不錯的女士，我因此知悉，孩子在母親心中有著無法取代的位置。我在自己的健康邏輯中安置了昆蟲的行為，從螞蟻到細菌都為我們示範不求回報的付出，至於人類，則只有母親對孩子展現對等的級數。

在成為母親之前，我不知道女人最常想什麼，經過懷胎十月，母親的價值觀出現大幅度的改變。必須再一次討論學習場域中陰盛陽衰的現象，我不認為男人比較忙是有說服力的解釋，必須承認，我自己不經意也會展現出傲慢的身段，尤其是在熟悉的女性身旁。女人的生命韌性在成為母親之後變得堅實，包含對於愛情伴侶的容忍，但就我

的觀察，男人不容易因此而多所感念。

我很誠實面對自己的缺點，知道這一趟人生旅途就是來改掉這些習性，這個主題不僅和細菌有關，也和健康息息相關。回想一下你所見過的夫妻互動，聽聽他們之間的對話，雖然不關我們的事，我們都清楚哪一方理虧。那位死不承認迷路的駕駛，那位硬不承認他不懂的「萬事通」，那位永遠都躲在後面當大爺的孬貨，還是得拿出我早期在部落格寫相關文章的結語：「承認你外行，會死？」

我是男人，不得已必須寫出男人醜陋的一面，當然不能打翻整條船，但有嫌疑的比例還不低就是。我想表達的是，我們學歷再高，知識再淵博，事業再飛黃騰達，都必須承認自己仰賴十兆細菌而存活。我相信新谷泓實醫師會認同我的觀點，新谷醫師從大腸內視鏡的景觀看懂腸相和文明病的關係，我則藉之分析男性女性的謙卑指數，比較需要好菌加持的絕對是我們這些大男人。

我承認有點離題，根據分子生物學家的巴斯勒（Bonnie Bassler）教授的研究，所有多細胞生物的行為演進和組織系統分工都源自老祖宗細菌，而且細菌可以跨種族溝通，這些單細胞生物仰賴特殊化合物溝通，而且牠們一定會溝通。細菌的基本訊息是愛，是合作，這就是我所

要表述的母性，那種無怨無悔的給予，以及沒有任何條件和算計的奉獻。

愛、時間、死亡，組成了細菌生命的全貌，我則從母親的行為中感受到人類這方面的潛質，拿掉了我，拿掉了個性，拿掉了傲慢，這是不是才是健康的全貌？沒有愛，不可能有健康；因為死亡，健康才凸顯其價值；至於時間，就是淬鍊愛與健康的度量。影星威爾史密斯（Will Smith）的電影「美麗的安排（Collateral Beauty）」就主訴這三大主題，因為女兒的死亡而對這三種元素強烈質疑，故事背後不就聳立了一個價值體系，叫做健康？

讀者或許會覺得我想像力豐富，造物賦予我們這麼多元化和豐富的生活品質，其實就是要我們更加珍惜生命中不可或缺的擁有。你可以馬上想到愛，想到時間，想到健康，我還要提醒，千萬不要忘了想到你身上的細菌。我不斷推敲電影「美麗的安排」的原著意境，從被我們忽略的美麗，想到身體的浩瀚，想到細菌的情操，想到健康的境界，想到造物最美麗的安排。

感動可以創造奇蹟

　　「想」這個字，是人類最大的優勢，同時也是最大的致命傷，我們想得很多，做得太少。有想法而沒有做法還不是最大的問題，想法障礙做法才是嚴重的問題，我強調的是主觀，是框架，是不願意改變，是堅守著早已被時代揚棄的老舊觀念。包裝在這些問題外面的是態度，是我一直重複提的傲慢，而不知道自己傲慢才是最難革除的傲慢。

　　有人因表達感謝而流淚，在那個現場，我希望時間被鎖住，深覺這是人與人之間最棒的橋樑。有人願意把愛奉獻給完全不認識的人，看著他們相擁而泣，我知道人世間最缺乏這樣的元素，我也知道我們內心都渴望擁抱這個畫面。我從小被教育的人生志向是要有成就，成就是財富嗎？是地位嗎？是所有人都給你掌聲嗎？

　　看過「浩劫奇蹟（The Impossible）」嗎？這部電影有太多題材可以討論，我先討論在洪水中漂流的母子那一幕。那可不是一般的洪水，水中充滿著足以穿刺身體的物件，漂流就等於撞擊。所以當母親好不容易抓到一支木頭，看到兒子漂流在不遠處，她不假思索的放掉手中的浮木。有一幕可以拿來對照，就是看到海嘯從遠方疾速而來的那

237

一幕，那幾秒鐘的呆滯，是很正常的反應。

「浩劫奇蹟」有太多賺人眼淚的橋段，尤其是父子與兄弟相會的那一幕，我喜歡受重傷的母親要求兒子發揮所長去幫助人那一幕，當他協助一對失散的父子相認的時候，年幼的心靈可能就在瞬間了悟人生的真理。就是那個失去又再找回來的感覺，失去至親，或失去意義不凡的珍藏，經過千辛萬苦，又會到自己的懷抱。這正是我企圖引導讀者找回來的健康本質，我們都擁有的珍藏，或許不知道其貴重程度，或許從來都不知道應該要珍惜，身體沒有離開，細菌也一直都在。

經歷過聽懂身體聲音的感動，知道身體暢通而且能量滿載是什麼樣的境界，我試圖把這樣的機會交棒出去，交給所有願意為自己後段人生全力以赴的緣分。我完全理解把不可能轉換成可能是什麼樣的境界，「浩劫奇蹟」連結到文明病的氾濫，就是現代人把自己的人生搞成超級浩劫的故事，接下來應該要寫的是細菌的奇蹟，是身體逆轉勝的奇蹟，是透過感動所撰寫的健康奇蹟。

02 臨盆

《生命的答案，水知道》作者江本勝：「我們居住的世界之外，還有另一個不同的世界，從那個世界反觀我們的世界，一定能觀察到一些異同。」

細菌的愛

　　兩次在手術房外面等候兒子出生，回想起來，真是百感交集，沒有準備攝影機，也未能親眼目睹兒子出生的時刻。醫生都從手術房走出來跟我對話，頭一胎被請進去手術房看我老婆卵巢的囊腫，第二胎被問到要不要順便結紮，都必須在很短的時間內做決定。

　　記得老大出生原始打算自然產，可是天不從人願，我不知道真是胎位的問題，還是另有其他人為因素，就我現在對產房生態的瞭解，剖腹生產無關產婦狀況的因素很多。產婦的安全當然是首要考量，第二胎順著第一胎而剖腹，醫師怎麼說就怎麼做，男人在這一刻顯得沒什麼承擔，因為真的沒有本事承擔。

　　我的人生一路和醫學貼近，卻發展到在健康的文字世界聲討醫療的缺失，很多人不習慣醫療在我文字中的殘破

狀，可能太熟悉我的背景，也可能是一種印象落差。我們都無法適應完美形象的崩解，好似絕世美女在一夕之間變成滿臉黑斑而且皮膚扭曲變形的老人，可是人生都在真真假假中摸索，有多少我從小尊崇的價值，如今禁不起時間的考驗，早已是人生成長路上的廢墟。

我們無法決定孩子的精卵結合，可是我們可以決定孩子怎麼出生，怎麼健康的來到人間。生小孩這件事不知在哪一次的世代交替中，從產婆的手中移交給醫院的產房，我自己見證時代的轉換，也見證人類與細菌的默契倒塌，這一齣戲是傲慢與偏見的現代版，在我個人的視窗轉換中，先進醫療摧毀身體和細菌之間的默契，再一次扮演凌遲健康的殺手。

一定得在這一段分享年輕的微生物學家羅布奈特（Rob Knight）的故事，他是在我所涉獵的資訊中唯一深入研究產道菌相的學者。除了研究孕婦在懷孕不同階段的腸道菌相外，奈特教授專案研究剖腹產和自然產胎兒的腸道菌相，透過胎兒糞便的詳細追蹤，完整掌握生產方式及食物對胎兒健康的影響。

菌相是一種健康指標，我們已經知道胎兒的菌相形同免疫系統的地基，今日的腹腦資訊更讓我們確信腸道菌是

護持免疫系統發育的推手，也是隨時和免疫系統合作無間的健康堡壘。科學家持續探索生命的奧妙，我發現近年尤其不乏鑽研細菌與人類健康關係的學者，所有證據都顯示細菌懂人，而且從出生的第一時間就全力協助我們。

媽媽的子宮是生命第一個空間，有著神聖不可侵犯的地位，我理解女人懷孕後的心情，超越了「疼惜」與「愛惜」所可以形容的程度。愛的傳導遍佈著母體，第一時間接收母愛訊息的正是母體內的細菌，在專注看守著胎兒長大的過程，細菌回饋也一直在擴大，牠們調整了菌叢的分配，承擔起供輸營養給母體的部分責任。

這是細菌的愛，是細菌對人類的愛，你絕對不能否認，因為在研究人員的視野內，這種全然無私的愛就將繼續傳承下去。就在接近臨盆階段，腸道細菌開始移居，透過女人身體最巧妙的設計，母親產道內的菌相熱鬧非凡。你可以想像自己在遊行隊伍中，沿路滿滿是迎接你的人潮嗎？你沒有盛裝打扮，也沒有花團錦簇伴隨，以最簡單原始的姿態出現，一絲不掛的貼在細菌的圍繞中。

母體，身體，人體

為何胎兒在探出頭來之前，母體內微生物要以最佳陣容整裝轉移陣地？這個問題可以跳過母親的大腦，必須問過細菌，或者直接洽詢免疫系統，答案當然是造物天衣無縫的完美創意，當然也是身體意識最絲絲入扣的系統化運作。我建議曾經為子女開腸剖肚的母親們回想，當坐在婦科診間認真聆聽醫師說明剖腹必要性的那一刻，當初勢在必行的權衡措施，換成此刻的你，可有不一樣的決定？

即使多數人不願意承認如此重大的決定有瑕疵，我相信多少會迷惑，我不想為難任何人，也不意圖指控你的醫師，只要把時間往前推 50 年就好，當然推個 500 年就更清楚不過。曾經有百分百自然生產的時代，地球上現在還存在自己為自己接生的原始部落，我們只不過幸運進入高科技時代，生育的風險面卻無厘頭的增加，違逆大自然法則的主張卻有規律的提升。

我應該要深深懺悔，因為自己就是那位毫無主見的父親，我們就是在老闆面前唯命是從的伙計。自己感覺到羞恥的是，我們沒有用心盤算子女的健康幸福，配合了可能是別人的生計，迎合的也許就是專業的傲慢。你可以說這

就是通路的現實，一定有願打和願挨，而我們總是忽略了那些天生就抵抗力差的無辜者，兒女們都不是自告奮勇投靠過敏族類，也不都是甘願要經歷免疫力低迷的童年期。

我經常在課堂中分享奈特教授自身的無奈經驗，命運的作弄是故事的重點，已經是對於產道菌相頗有研究心得的學者，他卻得在妻子的頭一胎接受產科醫師必須動刀的指令。既然孩子不經由產道出來，奈特教授用棉花棒刮下妻子產道的黏膜，將完整的菌叢塗抹在小孩的皮膚、嘴巴和耳朵，確保所有和微生物接觸的地方都沒有遺漏。

是責任的驅動，也屬於信念的行動，奈特教授沒有辦法證明此舉將如何驗證成效，可是最積極的生命態度不就是毫不遲疑做該做的事？我們該認真思考的還不是自己該做什麼，是細菌做了什麼，是細菌不需要徵詢孕婦意見的主動積極，是人類身體的運作邏輯還有多少不為人知的奧祕，是多少偉大的造物構思在人類的自大面具下被永久遮蓋，是我們還要在醫療體系尾大不掉的態度中折損多少無辜的生命。

我藉由母體的身體意識，強化我們每個人都共有的身體意識，同時連結到長期被人類忽視的細菌意識。是否我們都應該真心覺知，如果我們都願意反向思考，願意信任

細菌與免疫系統無縫接軌的默契，全人類的健康會是怎麼
樣的境界？差別就從讓胎兒直接接觸產房空氣中的細菌，
還是接觸母體產道的細菌開始。

03 料理食物的人

《到底要吃什麼？》作者麥可波倫（Michael Pollan）：「當美國衛生局局長對於肥胖的流行而不斷提高警訊時，總統正簽發著讓廉價玉米繼續氾濫的農場支票，以保證超級市場的廉價卡路里將繼續成為人類健康的殺手。」

誰在乎過細菌了？

我們生長在一個處處有美食的時代，住家附近很容易就找到一家大賣場，至少也有中型超市，方圓一公里圓周內，起碼有五家以上的便利商店。每當「壓馬路」的興致興起，身上也有點閒錢，接下來就是一陣反式脂肪和動物性蛋白大混搭，這是大腦前額葉所踩的油門，不太容易出現反制的念頭。

必須很不客氣的挖出現代人腦部傳輸和潛意識的矛盾：想盡辦法向美食招牌靠攏，心裡面同時盤算著下一次的減重計畫；一群人很有默契的找到聚餐的理由，也很有共識的相約一起參加排毒活動。有沒有伴不一定構成愛吃的條件，有伴卻是多吃的要件，一個人心情好壞都可能多吃，處在一個愛吃的環境中，少有少吃的機會，卻少了健

康的機會。

我們就在這樣的教條中長大，加了之後再減，減了之後又加，因為加法是人生價值，越多越好是心理素質。從為人父母的立場，有子女必須要長高的強烈需求，加上有營養學的專業後盾，能吃就是福，吃飽是重要價值。類似於懷孕婦女生產地點和方式的時代變遷，我們這一代同時見證了飲食文明的變動，從家庭式便當到速食便利店，從吃家裡到吃傳統館子，從路邊攤到賣場美食。

我們大方迎接時代的德政，進入身體的元素日趨複雜多樣，毒害身體的物質也在器官組織就地囤積，從媽媽的愛心轉到脂肪細胞的貪心，身體處處是抗生素、激素、毒素。多數人不曾留意，每往下十歲，皮膚的暗沉就更趨惡化；每往上十歲，臉上的斑塊就更趨顯露。大家都只關心荷包和肚皮，大家都只聽名嘴和八卦，大家都只看行車紀錄器和監視器，媽媽拿著電視遙控器監督兒女做功課的同時，不忘提醒自己等飯菜涼了，記得裝到便當盒。

便當盒是留給先生明天上班的午餐，也是職業婦女省吃儉用的表現，辦公室茶水間的微波爐和烤箱都十足忙碌，同仁一窩蜂下樓打牙祭的同時，留在辦公桌吃隔夜菜的也不少。這是急功近利的世界中所衍生的另類飲食文

化，果腹是重點，營養價值其次，遑論身體的負擔，想都不會去想到還得照顧腸道裡面的微小生物。

是的，談了這麼多，跨越了多少世代，有哪位仁兄仁姐想到腸道細菌了？所有的不明原因，所有的疑難雜症，所有治不好的病，有沒有可能，都是我們犯了本末倒置的毛病，都是我們擱置了身體還有一塊攸關健康的能量根據地？我們注重嘴巴的美感，忽略了腸道的死角；注重食物的口感，冷落了細菌的喜好；我們注重腦袋的滿足，解除了免疫大軍的武裝。

不是刻意要找媽媽們的碴，也不是要你去對餐館的廚師興師問罪，可是在廚房料理食物的人應該代表一種健康指標，試著聚焦家中的廚房，思考媽媽的觀念和家人健康的關係。我們或者檢視食材，或者審慎過濾調味料的品質，可是怎麼做都不會比打開冰箱來得一目了然，看冷藏空間擺放的是生食還是熟食，看富含酵素的食物佔了冷藏室多少比例。

冷藏熟食的比例過重容易形成冰箱的一種汙染源，關鍵不是反正這些食物還會經過加熱處理，是冰箱內的菌種經常汙染了蔬果生食，而熟食比較常夾帶汙染源。我們忽視細菌的存在，不在乎把冰箱經營成養菌室，不關心自己

和家人腸道的細菌生態，也不在意大量食用對腸道菌相不利的食物。關鍵不是好菌壞菌的區分，而是菌相的培育，少部分在冰箱內培養，大部分在我們的腸道內培養。

便當盒

到餐館打包熱食，結果忘了，食物擱在車上好幾天，會發生什麼狀況？如果是放在家，忘了冷藏，臨時出差好幾天，回來之後會看到什麼狀況？溫度是食物發生質變的因素，當我們創造讓腐敗菌大量繁殖的環境，溫度和時間就足以累積可觀的改變。所謂食物壞了，是這樣的食物吃起來不再可口，是大量的腐敗菌不為身體所接受，會引發免疫系統的對峙反應。

一般吃熟食，我們都選擇在食物的最佳狀態進食，我們認知的最佳狀態是熱騰騰從廚房端出來的狀態，至於這是否真的是最佳狀態，最後還得經過身體這一關的考驗。熟食進入胃腸之後，經過胃酸和消化酵素的基本分解程序，大腸菌叢接著負責接管食物。類似忘在車上的打包熱食，食物在腸道有溫度的效應，有時間的效應，千萬別忽略，還有身體菌相的效應。

健康是一門實踐科學，理論很可能禁不起真相的考驗。用說的都不如用做的，做的都不如持續做的，所有認知觀點都得經過持續演練之後，在時間的堆疊中激盪出領悟。優質飲食習慣培育優質菌相，我們的腸道菌相就是驗證習慣最好的標的，道理就在你我每月的信用卡帳單中，是透支的利息累積更多的利息，還是定期定額理財儲蓄中的複利增值。

媽媽的念頭最終轉成孩子的習慣，每天都給孩子零用錢吃速食，每天都以燒烤油炸果腹，腸道生態就好比利息滾利息，處理腐敗廢物的菌叢勢力不斷擴大，腸道最後變成廢物的集散地，處處都是髒臭的呈現。一餐蔬食救不了這樣的環境，必須有持續的天然酵素飲食才得以創造勢力消長，必須養成多蔬食的習慣以貫徹優勢菌叢的繁茂。

父母親不宜縱容孩子們的酸性飲食傾向，看到孩子身材走樣也得高度警覺，看到孩子臉上越顯黯淡也得有所反應，是不是不利健康的環境已經潛移默化在形成？針對低能量飲食的時間效應，關心孩子們健康的家長都必須從孩子們的生活點滴和皮膚呈現看出端倪，提醒自己不能一直鼓吹補充，反而都忽略了排泄。

每天都把剩菜裝進便當盒的媽媽更應該要深思，這

些食物先進入冷藏室，經過一段常溫路途後，再進入冷藏室，然後進入蒸籠或烤箱，最後進入消化道。隔夜食物的質變和細菌汙染是值得關注的，除了身體無條件承接了負擔，最後是大腸的垃圾回收大軍處理了善後。我理解料理食物的人為難之處，不管是時間的考量，還是節省的考量，愛心還是需要智慧的加持，如果健康是不容取代的最高價值，該捨棄的還是得捨棄。

請留意每天做的事是正向的，還是負向的；每天吃的食物是造福優勢菌叢的，還是利益垃圾回收的。每天都積極正面思考，還是消極負面的念頭，時間久了，一定出現消長。從消化負擔的角度，吃隔夜食物的習慣也會有時間效應，食物分子在一系列高溫與低溫的變化中質變，也在消化的難度和對腸道環境的為難度上，創造不利健康的發展。

04 愛之適足以害之

《生命的答案，水知道》作者江本勝：「張開眼睛，你會發現事業上充滿著值得感謝的人事物。如果真的心存感謝，充滿在體內的水便會清澈明淨，而你，就將化身為光輝燦爛的水結晶。」

給吃還是不給吃

好幾年了，我在課堂中闡述「毒害」這個聽起來很聳動的題目，因為很重要，我講了不只三次，我講了超過三年。我談兩種毒，一種是藥，一種是飽，只要用心聽，都聽得懂，而且很受用，因為每個家庭都有這兩種毒。

當我在這一段內容中說出「毒害你的人都是最愛你的人」，我沒有在開玩笑，孝順父母的子女們提醒父母親一定記得吃藥，疼愛子女的父母親們要求子女一定得吃飽。我很清楚這些提醒、要求、交代所累積的堆疊效應，我們很習慣性的在預約可以預見的未來，多半在狀況外，不知道親人的壽命因此而縮短。

愛很偉大，很堅強，卻也很脆弱。其實之所以脆弱，是因為沒把握，因為不想讓對方難過，因為不想破壞美好

251

的這一刻。孩子喊肚子餓的時候，最有感應的就是母親內心底層的不捨，這種情結，有點類似小孩在學校受到欺負，父親衝到學校去找那位同學理論。

人有各種表達愛的方式，而最簡單的就是直接滿足對方的需求。想到那句流行一時的廣告詞：「喜歡嗎？爸爸買給你」，多麼熟悉的劇情，我從那個「你」轉成長大以後的「爸爸」，當場幸福，卻後患無窮。這個後患在我自己身上實況演出，從那個不懂事的孩子演到不成熟的老爸。

我曾經有一段非常桀驁不馴的過往，懂事之後，自己嘗試把內心世界分解再分解，剖析再剖析，結論是缺少感恩與責任的養成。我承認自己經歷過不適任的父親角色，沒有全程陪同孩子長大，如果有，也缺乏有智慧的愛與關注。這些覺悟對於年輕時候的我確實有點嚴苛，在人生方向依然渾沌的當時，我連自己是誰都不是太清楚。

一度很用心去認識責任，也用力去瞭解何謂正直，我在這兩者的對立面都看到脆弱的身影，也一度誤以為懦弱就是脆弱。我在探索健康的路上同時也探索到自己，是真實的自己，揮別傲慢之後，我有機會在人的實際行為中發覺到認錯的力量。原來揭示脆弱才是正直，這是我自己下的定義，原來正直也是自我健康管理的一環。

　　談這些，希望有機會讀到這一段的讀者願意深入自己最脆弱的地方，我們在愛的表現中不斷的犯錯，因為我們根本都不愛自己，當然也就不知道如何去愛別人。我們到處隱藏自己的脆弱，從溺愛、縱容到失去獨立承擔責任的能力，這不但是人生經營的面相，也是健康經營的面相。

　　在我兒子第一次做斷食的時候，明明是一件對他有利的舉動，我卻出現心疼與不捨的感受。後來我才懂愛是放手的道理，真正的愛是尊重對方的感受，必要的時候再曉以大義，可以兼顧與權衡到他身體的感受。我必須說，所有和健康有關的學分中，親子關係屬於最高深也最艱難的部分，就是在給吃和不給吃之間的拿捏，就是在給多和給少之間的分寸。

愛還需要智慧

　　所有的問題最後都要回到自己，如果問題真的存在，和父母之間的問題，和子女之間的問題，前面提到的毒害議題。就在單獨面對自己的時候，我們用什麼樣的標準面對自己，用什麼態度處理自己的問題，給自己吃或不給自己吃，容許自己吃多或者要求自己節制。

　　健康有一條理路，必須真正符合自然的法則，身體的能量運用與平衡維繫不能被破壞，是情緒與心理素質、細菌和免疫系統共同建構了穩定的基礎。這一條路只能容許一種態度，我稱它為經營，也可以說是管理，有沒有具備主動積極的態度，身體都有記錄，這筆帳有一天一定要算。

　　曾經有一位來自新加坡的華人前來台北尋求換肝手術，夫妻兩人因緣際會和我在台北結緣認識，在我記憶中留下良好印象。這一位高我一屆的台大學長告訴我他創業過程的態度，據他說一星期不睡覺很正常，不喝水只喝可樂，後來導致肝臟功能接近停擺。

　　最後捐肝給他的是他的愛妻，我一直對這位氣質優雅的女士感到惋惜，這種不捨其實很無謂，好比看著兒子斷食一樣，因為當事人是那麼的甘願與開心。這個故事總是讓我想到愛與毒害，愛老公的妻子縱容老公折騰自己的身體，最後還得把自己的肝臟組織切下一部分，我就不再提肚子上的疤痕了。

　　我相信這位前輩心中有很多感觸，關於自己當初是如何不愛惜生命，對於愛妻是多麼感恩，可能他不方便對我表達，也可能是彼此還不是太熟。我知道真正的療癒來自真心懺悔認錯，我知道事業成功的男人更不容易挖心掏

肺，可是這就是我所觀察到的社會病態，所有男人都把脆弱隱藏的很好，然後表現出極度的懦弱。

犯錯不是問題，不承認錯誤才會有問題，我在人的態度和行為中釐清了不少疑惑，也在人的眼神和臉部表情看到深藏不漏的脆弱。視而不見不會不見，重症的洪流就在不遠處，對於我們這一代，時間就在不久的將來，可是我所認識的同儕幾乎都選擇豪賭，大家都很滿意此刻的自己，當然也就不忌諱包括美食在內的所有美麗誘惑。

分享一句《脆弱的力量》作者布芮妮布朗（Brené Brown）的重要提示：「當我們有足夠的勇氣探索黑暗時，才會發現自身光明的無限力量。」在分享健康心得的經驗中，讓我感觸最深的當屬態度的淪落，我們正處於不利健康的環境，沒有比別人多三分積極，將會因那一分的失足而飲恨。

一位女性讀者邀請她先生前去聽我的講座，先生說「那有什麼好聽的，還不是要賣東西給你的，要去你去就好了！」我沒有忤逆男性的意思，因為這樣的劇情一直在上演。我的講座一點都不複雜，就是期勉每位有緣人學習讓身體休息，真正了不起的醫生是身上的細菌，還有我們自己進化到極致的身體。

05 細菌的呢喃

《微生物搞怪學》作者班巴拉克（Idan Ben - Barak）：「在這場生存競賽的另一面，有些微生物是藉由喪失而非發展某樣構造來獲得優勢。不管是哪種競賽的專家都會告訴你，簡化是獲得競爭優勢的關鍵；事實上，這是個到處通用的法則，不只適用於生物界，因為凡事都得付出代價。」

以心傳心

經過幾個小時的馬拉松會議之後，主席宣布會議結束，所有人都不再發表意見，起身離去。這是現代人的一種很基本的溝通模式，不透過開會，很多議題無法決議。在談判桌上，同一方的溝通就不再仰賴口白，必須透過默契，有時候需要眼神的會意，必要時透過默契溝通。

不對話就能溝通，動物之間這樣溝通，昆蟲之間也這樣溝通，我們今天也已經知道，連細菌與細菌之間也是這樣溝通。頻率是一種溝通方式，訊息分子是一種溝通方式，所有多細胞生物的互動模式都不致於太令人驚訝，請務必認識分子生物學家巴斯勒（Bonnie Bassler）關於細菌對話的研究，這或許是你開啟健康智慧的契機。

　　「聚量感應（Quorum Sensing）」，多麼新穎的名詞，這是諾貝爾醫學獎級數的發現，是結合微生物學和分子生物學的最頂尖研究，正是這位巴斯勒教授的偉大貢獻。細菌對於孤獨和群聚有清楚的「認知」，我不知道「認知」這樣的說法合不合適，細菌的行為表現必須在確定有團體的頻率下，牠們可以感受到同伴的存在，所謂同伴就是指同屬性的族類。

　　十多年前，閱讀到細菌與免疫系統之間絕對有對話的方式，我沒有絲毫懷疑，所有的跡象都是這樣的方向，人體與細菌之間密切聯繫著。我相信當初包括我在內的所有認同者都是推測，直到巴斯勒教授送來「聚量感應」這個好消息。原來細菌的訊息分子結構類似，分子類似之處直接鑲進細胞膜上的受體，成為不同種類細菌之間對話的明確證據。

　　當細菌的對話方式被人類掌握住，有一種既歡喜又怕受傷害的感覺，一方面能量保健的方向更加篤定，治療面卻依然存在失控的隱憂。巴斯勒教授已經預言這是未來取代抗生素的殺菌方向，就是直接干擾細菌的傳輸介面，讓牠們誤判情勢。古時候大禹治水的故事早已提醒過，防堵還不如疏通，未來控制細菌的方式應該走向改造，而不是

殲滅，也就是在歹徒綁架人質的時候，讓對話取代攻堅。

言歸正傳，關於細菌之間的溝通，是不是生物之間的一種默契？目前已是正式奧運比賽項目的水中芭蕾，所呈現的同步化不也是一種默契？默契靠練習，勤奮的練習；默契也來自用心，是心與心的交流，是心和心之間的語言。學習過《達摩血脈論》的「前佛後佛，以心傳心，不立文字」，我想表達的是，細菌懂的，人應該要懂；細菌做的，人應該會做。細菌無心也用心，人如何能不用點心？

細菌司令

馴獸師是如何駕馭野獸的？靠練習嗎？應該是，可是練習應該還不是人獸之間和睦相處的關鍵，感謝「狗班長」西薩米蘭（Cesar Millan）的啟發，很多愛動物的人終於懂得讓動物感受到被尊重，尤其狗很有靈性，牠需要得到信任和關愛，牠會知道我們是否真的懂牠。我相信西薩的負面評價來自於樹大招風，他靈巧的動作和溝通方式接通寵物的天性，經營出人狗之間穩定的互動。

曾經在課堂上聊起這一段的時候，有學員提醒我狗不會記仇，這似乎有別於我對貓的印象，因為我家的貓會很

有技巧的找我報仇。我必須藉此篇幅向我家的貓致意，當初的憤怒來自於牠不下數次在我書房小便，很有挑戰我的意味。我後來明白處罰對動物是不管用的，處罰是針對人，羞恥心與怨懟都是人類的獨特意識，不是動物的念頭。

「無頭銜領導」是我對身體的一種體悟，主軸是身體無怨無悔的做，而我們總是肆無忌憚的給。如果不把健康當一回事好好經營，我們和身體之間的關係就是給和受，我們從嘴巴拚命給，不管是給食物還是給藥物，身體就只能接受。正面的思維是身體領導我們，我們則學習被身體領導，從身體的態度去修正自己的態度，在行為上大腦主導健康，實際上還是身體在主導。

西薩米蘭和寵物之間的互動也接近是這樣的境界，他領導狗群，而實際上是狗的天性在引導他。當我們把軸心擺在我們和體內細菌群系的關係，針對探索健康世界，我們有機會拆掉和細菌之間的鴻溝。透過免疫系統與細菌之間的無所不溝通，我們可以賦予身上的細菌全然的信任與關愛，如此，愛與信任的傳導就在身體內暢行無阻，身體的主要長駐菌將為我們釋放愛與感恩的訊息。

在我個人的生命經驗中，的確接觸到很多很刻意的抗拒，我們常說的為反對而反對，對於聽起來不可思議的事

情總是三個字回覆：「不相信」。事實上，當你把身體提升到一定的層次，同時你也把生命修鍊到一定的境界，對於宇宙這個能量場域就會進入臣服。我們的身體就是一個縮小版的宇宙能量場，我們的情緒都透過荷爾蒙和神經傳導影響著身體每一個區域，不僅身體的水分子接收也傳輸我們的情緒，紅血球也攜帶了各種情緒因子。

　　或許，這從來都不屬於我們的思考層級，可是身體的能量大場域就在腸道，而細菌正是全力賦予能量的生力軍。人類捨本逐末的結果，就是今天全人類所面臨的現代瘟疫，來自於我們常聽到的一句玩笑話：「一肚子大便，滿腦子負面」。不過回頭想，所有的發生都有其軌跡，健康學分充滿了人性課題，負面與大便的連結誠屬合理，走錯了路，回不了家是很正常的。

　　就輩分，身體願意把領導權還給細菌，是我們的腦袋意識有沒有意願配合，是我們自己不清楚應該要交出領導權。巴斯勒教授說，當細菌部隊成型，牠們會整合出共同一致的行動指令，是往健康的方向，或者是違逆健康的方向，決定權是誰呢？

Chapter

08 鎖鏈 Chain

曾經失去自由，珍惜擁抱自由。

行使健康權利，你可擁有自由？

原始健康能力，竟然自廢武功。

必須掙脫鎖鏈，自在擁抱健康。

Section

01 恐懼的對象

《疫苗：兩種恐懼的拔河》作者尤拉畢斯（Eula Biss）：「我
不會讓孩子因為我自己的粗心大意或貪財而受到詛咒，我
不會不小心對魔鬼說，你可以擁有磨坊後面的任何東西，
結果卻發現站在磨坊後面的是我的孩子。」

恐嚇的連鎖

從來沒有比目睹一群人大談吃藥經更讓我洩氣的事
情，看到一群人聚在一起，為不存在的假象爭論不休，看
到有人一直在鼓吹別人希望你所鼓吹，看到網路群組傳來
一封又一封的祕方和特效藥，看到新聞主播不停強調「專
家說」。

我們都有可能不知情，我們都經歷生命中的懵懂和無
知，我們都有可能單純相信比我們還懂的人。更明確說，
我們都可能犯錯，不是刻意要犯錯，可是一輩子犯同樣的
錯，真是情何以堪？回到「吃藥經」的現場，每個人都在
語調中出現恐嚇的字句，他們對於身體的些微異常怎麼如
此驚恐？他們對於藥物的圓滿達陣怎麼如此有信心？

驚恐和信心，多麼弔詭的組合，需要多少人用力的傳

播？我已經不知道該如何形容這個共犯結構了，必須很誠實的說，我們已經無法掙脫這個共業系統。不能反對有人因此而賺很多錢，也不反對有人因為選擇這個行業而揚名立萬，只是不解這一切誇大的恐怖行銷，還有那一切遠離自己生命本質的荒謬堅持。

學生時代讀到「杞人憂天」，感覺很不可思議，對於這樣的恐懼無法感同身受。直到我在第一線輔導養生態度，赫然發現到處存在的莫名恐慌，驚覺現代人對自己身體的陌生，「你所擔心的事情通常都不會發生」變成我很常講的一句話。我並未過度誇大這種現象，這些恐懼都是一點一滴被植入在心裡，來自於醫生的再三叮嚀，來自於媒體的無的放矢，也來自於群眾的口耳相傳。

除了未知和死亡，人還害怕什麼？想到富人之怕與窮人之怕，道理就很清晰明辨，因為擁有，所以害怕失去，因為想要，所以害怕得不到。原來慾望和恐懼的連結是這麼的深，原來現代人對健康是這麼的渴望，原來健康和民眾的距離是如此的遙遠。因為恐懼，所以恐嚇，恐懼是動機，恐嚇是行為，把自己的害怕加諸在他人身上，出自於良善，也出自於無知。

終於，恐懼被無限放大，人體可以被診斷出的所有病

痛都有恐懼的痕跡，恐懼讓我們無所不病痛。最後，連恐懼也失控了，人們恐懼生病，卻擅長經營生病，讓健康漸行漸遠，最後的最後，人們恐懼的對象也涵蓋了健康。因為健康太難了，因為健康太辛苦了，因為健康太花錢了，我們有太多可以不健康的藉口，嘴巴說健康很重要的人，絕大多數都不願意經營健康。

串起戰俘手腳的鎖鏈

　　想像自己在一個啤酒屋內，已經喝到意識不清，周圍有一群好友，意圖讓你喝掛。被酒精轟炸過後，那種四肢使不上力的感覺，那種有點舒服又有點不舒服的感覺，像極了在集體病痛的麻痺中，充滿了無力感。

　　需要一個關鍵的決定，告訴自己到此為止，不能再喝了，堅持在這一刻停損。我們都必須站起來，離開病痛，走出大門，找到一個含氧量高的地方，深呼吸，提醒自己遠離恐懼，埋葬掉那不可預知的病痛。人生最奇妙之處是際遇，那個我們都無法理解的巧合，關鍵的人在關鍵的時間出現，關鍵的提醒與關鍵的決定，關鍵的勇氣與關鍵的雀躍。

　　很多善緣牽引我人生的重大決定，決定了，做了，努力了，如今我繼續扮演更多人的關鍵牽引，說出很多人最需要聽到的關鍵提醒。從我們出生的那一刻起，健康就不曾離開，健康就持續守護，除了母親的愛，我們不能遺忘離開母體執行健康傳承的小天使們，從出生的第一天就為我們打造健康基石的乳酸菌。

　　我的健康信念就從當年那個轉念開始，我把焦點放在腸道的細菌，把注意力放在細菌所需要的食物，因此而延伸的所有體悟都源自於對腸道的關注。我一路看著很多朋友接受了最關鍵的勸告，把思考方向連結到細菌以及腸道的保健，因而得以掙脫腳上的鎖鏈。然而我也看到更多的腳鏈，看到病痛，看到治療，看到身體的退化老化，無所不恐懼，處處是腳鏈。

　　解釋一下我所觀察到的醫療俘虜鏈，並不是實質上的排隊掛號和排隊領藥，是心態上失去自主權，是認定自己必須接受這一段牽引，是中年死亡等候老年再埋葬的悲慘人生。戰爭的時候有戰俘營，唯恐逃跑而將戰俘的手腳上鎖串起；升平時代有重犯監牢，也是為了防範罪犯脫逃，所有犯人在移監過程一律手腳上銬。戰俘失去自由，罪犯沒有了自由，心裡空想著健康的眾生，也都失去行使自由

的權利。

　　再強調一次，我不過是單純轉換了念頭，相信能量養生與腸道淨化，方向調整過後，健康的目的地也就順利抵達。自由要付出代價，也要進入行動，認識了細菌的食物，認真與身上的細菌共生，養成定期讓身體淨化的習慣。這十多年，一路上充滿驚喜，讚嘆造物所賦予的身體天賦，感恩腸道內微觀世界的用心良苦，我一路分享自己的進步與自信。

　　在讀者的簽名頁上，我不時簽下「以終為始，持續精進」八個字，「終」是那個遠離病痛的目標，「始」是鼓勵自己做決定改變的此刻。同樣的視野，我也一度以「做到連自己都感動」鼓勵想突破的讀者，如今，順著《初斷食》的廣大緣分，我開始為讀者寫下「以終為始，無所畏懼」的提字。沒有什麼值得恐懼的，一切都在你正念的輪廓中，一切都在慈悲造物的施捨中，與細菌結盟之後，絕對無所畏懼。

02 謝絕抗生素

《以小勝大》作者麥爾坎葛拉威爾（Malcolm Gladwell）:「我們對於何謂『優勢』，抱持著一個很僵化且拘限的定義，我們以為有助益的事物，其實並無助益，我們以為無助益的事物，其實使我們變得更強壯、更明智。」

腸道亂象

我在這本書裡談了不少戒慎戒恐的主題，抗生素對我們下一代的衝擊應該居於首位，理由是時間已經不等我們，事實上已經錯過了可以扭轉局勢的契機。當年是抗生素的恐怖效應引起我對益生菌議題的高度期待，趨勢是誘人的，責任感是有體溫的，把興趣和工作連結是熱血沸騰的。過了十年，只能說，時不我與。

抗生素經歷了近半世紀的輝煌史，我這一代以及上面兩代都是抗生素的受益者，同時也是受害者。由於有研修微生物學分的基礎，我清楚抗生素的使用需要有敏感試驗的支撐，同時也知道醫療院所的實際使用狀況，畢竟我父親也在陣中。也就是說，失控早就是預料中的事，細菌反撲一點都不會太意外。

　　進入醫療領空，不去理會醫師們的急迫感，病患自己也擅長主導急迫感，所以醫生不警告，病患也會自己恐嚇自己。在這種必須快速處置的氣氛中，現代人的腸道早已進入絕對的黑暗期，好比大海中的深水炸彈，隨時都會被引爆。針對抗生素的利弊，我試圖根據事實探討所謂的受益和受害，由於傷害具備毀滅性，相較之下，受益的機會已經蕩然無存。

　　請不要說我過河拆橋，抗生素救過我也是事實，我只是試圖表達大眾對情勢的輕忽，應該可以用排山倒海來形容腸道混亂所引發的人體病症。抗生素屬於藥物，基本上應該從醫師處方進入我們的身體，可是事實並非這麼單純，就近 30 年的可靠資料，抗生素也已藉由從四面八方來的食物，大搖大擺進入你我的身體。

　　劇情突然不是腸道亂象一個主題，而是致病菌與抗生素相遇相處所衍生的細菌抗藥性，由於抗生素來源多樣，細菌來源也複雜，細菌可以突變演化的機會顯然超乎各種可能性。這不是危言聳聽，因應這樣的情勢，管理腸道健康當屬每一位現代人的生活課題。套一句我早期很習慣提醒學員的話，未來當抗生素擋不住的細菌性大感染發生時，能夠安然無恙的絕對是平日對自己的腸道賦予關注的

人，也就是培養滿滿好菌在身上的人。

新生兒的抗生素戒律

疾病，一直都是消長的故事，尤其是免疫系統的消長，來自身體能量的消長，發生在食用精緻食物之後。在吃飽昏沉之際，在工作效率低迷之際，身體忙著處理食物，免疫系統全然繳械。這道理不難理解，可是得用心感受身體的訊息。

醫師無法預測一劑抗生素療程所創造的消長，變數在抗藥性細菌的存在，在醫院的空間中，在病患腸道的一個角落，在病患進入大眾運輸系統所吸入的空氣中，在病患家人打噴嚏的分泌物中。病患可能無預警的進入另外一波的感染，需要更高層級及更多抗生素的處方，好像永遠會有續集的系列影集，好像永遠不會終止的電玩遊戲。

風暴，從一個念頭開始，一個必須掛號求診的念頭，一個必須開立抗生素的念頭，一個感覺可以不需要繼續吃抗生素而主動停藥的念頭。千萬不要有「吃也不對，不吃也不對」的反應，這一切原本就不是人體所應該參與的遊戲，即使聽從醫師囑咐，走完抗生素療程，也沒有人保證

致病細菌已經絕跡。

　　因應民眾的心靈需求以及心理慰藉，醫師屬於社會中必然存在的一種角色，至於處方藥物的分寸，則完全出於醫師的自由心證。真正矛盾的是病患心理，對於醫師是全然信服，還是多所保留，看醫療糾紛的攻防，就知道病患的心理層面沒那麼單純。

　　既然又是人性議題，那麼醫師的專業度到底應該怎麼評量？我總是傾向對醫師呈現出來的體型樣貌及皮膚狀況嚴格評分，還有醫師本身有沒有繼續進修，有沒有時間進修。我父親是小兒科醫師，他對於澎湖地區近半世紀的基層醫療貢獻很大，可是從我的嚴苛尺度，針對進修，他還有很大的進步空間。時空轉換，以我目前的觀點和角色，對於接下來想表述的，我可以用膽戰心驚來形容。

　　我先引導讀者從一個方向思考，就是母體孕育生命所產生的改變，母親腸道和陰道的細菌產生大規模的生態轉變，母體的脂肪儲存量也極可觀的醞釀，接著是生產與哺乳過程的菌相支援。我們希望小孩平安，可是身體唯一的思考邏輯就是健康，母親的身體負責經營孩子的健康，生產過後的憑藉就是母乳，而母乳的激素、菌叢、營養素都指向一個方向，就是免疫系統的養成。

　　一切關鍵中的關鍵都在第一個星期、第一個月和第一年，在我閱讀過的所有新生兒研究報告中，甚至有學者領悟到那出生後第一週的關鍵程度。我不知道胎教包括不包括胎兒免疫系統的「教育」，可是我確實知道免疫系統的培育、養育與教育，就在這第一年到第二年的新生兒階段，是一個人終身健康的基礎，而唯一不可忽視的就是來自母體的益生菌叢。

　　新生兒被感染的機會不低，就醫的機率也不會低，醫師必須透過藥物處置的機率自然也不低。就在我們可見範圍內，時間與空間都提供了足夠的證據，我們的確讓幼兒在建造地基的時候，做了非刻意的偷工減料，傷害了免疫系統的發育，影響了免疫細胞未來的辨識力。

　　舉個例子，就基因的研究記載，潛在的特定疾病應該可以有自身的防備，可是這些防禦能力可能很早就被解除。有三個決定牽動了生命品質，首先是孩子是自然產還是剖腹產，接著是有沒有全程餵食母乳，多數個案做到了前面兩項，很遺憾，他們忽略了第三項，他們讓嬰兒接觸到抗生素。接觸抗生素的管道還包括母親的身體，意思是連母親使用到抗生素都可以形成關鍵變數。

　　知道授乳的母親狂吃特定食物可能變成孩子的過敏原

時，我領悟到生命的培育需要嚴謹的態度，那些影響終身的決定，那些決定孩子一生的行為，我們沒有輕忽的權利。就關鍵決定的主題，我甚至建議連懷孕都得在可控的計畫中，因為這些會影響嬰幼兒的變數可能在精子和卵結合之後就生效，輕率服藥有可能輕易傷了母親和小孩兩個人的身體。

03 現代瘟疫

《醫療抉擇》作者傑若古柏曼、潘蜜拉哈茲班德（Jerome Groopman、Pamela Hartzband）：「如果醫學像數學一樣，是一門精確的科學，那麼每一個問題都有正確答案。如此一來，正確的治療方式只有一種，不管你喜歡不喜歡，你都得接受。然而，醫學是一門充滿不確定性的科學。」

令人不寒而慄的不確定性

分享一位美國女醫師——藍金（Lissa Rankin）的故事。2006 年一月，藍金為第三任老公剖腹生了女兒，她的狗死了，弟弟肝衰竭，父親因腦瘤辭世，老公在家不小心切掉兩個手指頭。當所有這些事件發生在兩個星期內，從她的言談中，我們所感受到的就是一位笑看人生的智者，那時候的她，才 33 歲。她知道，該是拿掉面具的時候了，該是做自己想做的，而不是自己應該做的。

藍金以「完美的風暴」形容她的人生際遇，她說「當你的人生四分五裂時，你不是選擇長大，就是長腫瘤」，選擇離開每天看 40 位門診病患的婦科醫師工作，她稱此為「長大」。

273

　　如果是你，父母親花了所有積蓄栽培你成為醫生，人生已經投注 12 年在醫學專業的養成，每個月有穩定的高收入、汽車、大房子，規劃好的未來退休計畫，身為大家眼中的人生勝利組，你捨得把這一切都放掉嗎？不探討辭掉工作還得附帶的賠償，透過世俗的觀點，這幾乎就是把人生親手毀掉的重大決定。在這麼多揣測和討論中，在這麼多不捨、惋惜與疑惑中，只有藍金個人展現最不凡的鎮定，此時的她尚且談不上自信，而是確定。

　　超凡的確定，來自於所有關於醫療的不確定。事過境遷，她回想人生的重大轉折，她很清楚是生命的召喚，她具備一種多數人所缺乏的、挖掘真相的勇氣。以她當年婦科醫師的角色，病人的狀況都發生在骨盆腔的範圍，可是她的敏銳度告訴她不是這樣，疾病的大圖像肯定遠遠超越這一切。

　　再強調一次我所體會的重點，是專業把醫療引進了窄巷，是分科把醫療帶進了迷宮，是遠離本質讓醫療和健康永遠擦身而過。這位醫師後來進入整體醫療行醫，類似的故事不少，世界上有這種勇氣做改變的事蹟也不少，可是這位醫師引導我看到的是「確定」，不是「勇氣」。我試圖引用她的故事來引介醫療的不確定性，那個不確定性浪

費全球多少人生命，造成多少不必要的資源耗費，很有可能只是滿足少數人權力和利益。

我們可以從人生的所有面相剖析不確定性，當我們把不確定的事情搞確定了，當我們經由不確定來經營確定，所有牽涉到人生安全的產業都會發生問題，何況醫療是直接和人命搏鬥的大規模系統。我確定我不愛你和我不確定我愛你，這兩者之間即使有程度的差異，都不宜賭在婚姻大事上。不確定消耗了能量，不確定也製造了悲劇，這是我觀察醫療半世紀的總結。

人菌大戰之後

我不是第一線的醫事人員，也稱不上是第一線的研究人員，只是從健康的面相觀察社會的健康實踐者，丟掉所有包袱讓我有異於往常的觀瞻。我試圖透過文字的頻率找尋共振，所能仰賴的力量就是我的誠意，和前述藍金醫師的故事一樣，我們都需要體察到生命的召喚。會有那麼一天，生命會透過各種方式告訴你，不能這樣活著，不是這樣的方向，我們需要更明確的看到，需要更清晰的篤定。

鼓勵讀者長期追蹤馬丁布萊瑟（Martin J. Blaser）醫

師的相關研究，他所領導的多項關於人體微生物的研究持續在進行中，不久的將來一定會有更令人振奮的發現。從閱讀與觀賞布萊瑟醫師的論述，我得到非常多的啟發，應該說他的格局與方向都很有開創性，我用十年的時間和身體對話，身體的能量世界引領我捕捉到布萊瑟醫師超越性的觀點。

我不知道「現代瘟疫（Modern Plague）」這個名詞最早由誰開始引用，我在自然醫學名醫馬克海曼（Mark Hyman）醫師的作品中首先看到，接著在布萊瑟醫師的作品中讀到，也從包括藍金醫師在內的多位具前瞻性觀點的學者口中聽到，比起我閱讀到海曼醫師的自創字「糖胖症（diabesity）」還有震撼力。「現代」連結了「瘟疫」，引出了一種不具傳染力的傳染病，這是什麼樣的訊息？

不是傳染病，卻具備恐怖的傳染力，建議你開始聯想所有自己最快反應出來的現代瘟疫。是心肌梗塞嗎？每隔一段時間就會從媒體放送這樣的消息，有點知名度的人，因此而猝死的機率還不低。是癌症嗎？這應該是共識度最高的推測，不一定是年紀大的人，印象中罹癌的年紀有往下走的趨勢，造成民眾心中對癌症存在普遍性的恐懼。

關於現代瘟疫還有其他想法嗎？糖尿病應該是合理的

　　推測，憂鬱症呢？睡眠障礙呢？會不會連肥胖都是一種吻合瘟疫效應的現象？或者，我們訪查一下各大醫院每日的手術房，幾乎每天都會進行膽囊切除，所以膽結石也是現代瘟疫嗎？

　　想像一百年前，或者一千年前，人類真有這些困擾嗎？真的是所謂「進步的必要承擔」嗎？因為進步，所以文明就得承擔人體集體退步的罪名嗎？每一位現代人都應該透過藍金醫師當年的視窗，勇敢的承認自己的缺失，承認自己懶惰，承認自己不夠上進，承認自己盲目跟隨，承認自己與既得利益者同流合汙。

　　沒有人願意當不知情實驗的白老鼠，沒有人願意成為災難中的犧牲者，可是當你感受不到現代瘟疫的可怕程度，代表你正身陷其洪流中，代表你遲早要成為這場肉搏戰的失敗者。不確定因子正準備掀起疾病風暴，在你體內，隱藏的恐懼，缺乏自信的負面情緒，計較得失的不足心態，萬一再有必須長期服藥的慢性病宣告，或許還有只能活三年的癌症診斷。

　　這些都是發生在一百年之內的情勢改變，從傳染病的陰影發展到全面否定細菌的社會教育，從抗生素的發現到人類可以完全控制細菌的誤解，從醫療發達到人與細菌大

戰的全面展開。只是一個念頭，一個否定細菌的念頭，一個不重視細菌的念頭，一個不認識細菌的念頭，一個不知經營腸道細菌的念頭，竟然引出不具傳染性的傳染病，不是細菌所造成的現代傳染病。

《不該被殺掉的微生物》作者馬丁布雷瑟（Martin J. Blaser）：「如今，我在自己的文章中不再說幽門桿菌是一種『感染』，而是說它是一種『定殖（Colonization）』。它跟所有無數的有機體一樣，住在你體內很多年，大部分的時候都很快樂，這點我很確定。」

穿條紋衣的男孩

　　回顧一部將近十年前的電影，那是一部改編自愛爾蘭作家約翰波恩（John Boyne）的同名小說《穿條紋衣的男孩》。故事敘述一位掌管猶太人集中營的德國軍官，每隔一段時間就會下令放火燒死在集中營中的囚犯。

　　由於家住集中營附近，所以軍官的小兒子長期在附近玩耍，經常在圍籬外和圍籬內的另一位男孩對話，對於集中營內的一切深感好奇，而央求對方借給他一件囚衣，爬進去「玩耍」（實際劇情還有其他因素，我就不在此贅述）。而那一天的那一刻，正好是這一批猶太人的受刑日，兩位男童跟著大人們脫去衣服，裸身進入焚化爐。電影的結尾是軍官聲嘶力竭的喊著男孩的名字，母親和姊姊則是

抱著男孩脫掉的衣物在集中營圍籬外痛哭，真是令人心腸糾結的一刻。

這是一部令我終身難忘的作品，故事的結局扣住我的情緒好久，有好長一段時間經常會想起那位被火燒死的男孩，以及那位下令放火燒人的父親。

燒死別人家的孩子和燒死自己的孩子，實際上感受不同，故事也誠實告訴我們不同。意圖致人於死，和我們看著新聞事件不同，我們不是旁觀者，是加害者，不管是希特勒下的命令還是老闆的意思，執行指令的都難逃責任。這是我的想法，你不一定得配合對號入座，我認為我們也許都是那位下令殺人的軍官，雖然我們只是執行業務的人，不是製造東西的商人。

這是我在藥物世界和菌的世界所觀察體悟到最大的分野，在面對最終的後果時，細菌是有承擔的，藥物大多則是遠離了責任。細菌的生存邏輯是共生，這是最主要的優先順序，即使偷生，也是在共生的大前提之後，即使對自己有利，必須先對環境有利。藥物不是生命，如果有責任，承擔者應該是開處方的人、銷售藥物的人、製造藥物的人以及所有通路中獲利的人。

我似乎把問題談得很大，其實並不針對任何人，而是

從細菌的初衷去釐清藥物不為人知的空間，所謂責任承擔則是全民的功課，當然還有政治擁權者的責任。生命很珍貴，我覺得每個人都有必要在有生之年把這件事搞懂，當你對責任承擔全然明辨，在你理出生命價值之前，有機會把自己照顧好，也把自己所愛和關心的人照顧好。

當你做了一個決定，最後會有一個必然的結果，不論好壞，面對責任歸屬時，你在哪裡？你的腦袋裡面想的都是別人的責任，還是自己的承擔？如果你是做決策的人，卻經常是檢討別人責任的人，回頭看看，不是一盤散沙，就是一灘死水。當你一直遊說別人吃藥，當你一直堅持吃藥的重要，最後的結果幾乎都是吃藥的那個人自己承擔，你很可能就是那位已經殺死很多人的的德國軍官，在兒子死在自己的權力下之前，毫無感覺。

我曾經在部落格寫了一篇「下一代何辜」，當時是從溫室效應的角度看到下一代驚恐的表情，或許當時的確受到「世界末日效應」的影響。我此時的問題還是：我們真不在乎你下一代的安危嗎？答案是：我們真的不在乎，我們真的毫無承擔，我們真的自私自利。下一代的健康與我們何干呢？觀念是會傳承的，環境是共享的，每個念頭都創造了不當的連結，一旦我們隨波逐流。

藥物副作用與副作用之間的交互作用

「一顆藥,處理了局部,傷害了全部」,這幾個簡單的字,即是我個人對於藥物的心得,這就是我所謂的毫無承擔,可是事實上必須承擔,卻無從承擔。這些言論不在製造對立,只是建議讀者很客觀的接收我的誠意,這樣的提醒有機會拯救到你,還有你的後代。

邀請你認識美國史丹佛大學教授醫師羅斯阿特曼(Russ Altman)的研究,他和他的學生整合幾家大醫院的病患用藥資料,理出相當震撼性的結論,有興趣的讀者請直接上網聽他在 TED 的演講,標題是:「當你混和用藥時會發生什麼事」。藥物副作用對一般人來說不稀奇,因為都印在藥包上面,可是當兩種藥混著用,各自的副作用所產生的交互作用就很值得留意了。

我個人對藥物本身的研發動機已經很在意,遑論副作用的傷害,經由阿特曼教授團隊鍥而不捨的追蹤,終於有同時使用兩種特定藥物的統計資料出現,而且衍生出新的症候。值得關注的是當事人不清楚新的症候從何而來,而且因為有新症候而又得接受新的處方,繼續是更大數字的更大次方的副作用交互作用會發生。災難電影存在一種樣

板劇本，所有災難都來自於實驗室，研究員的過度自信或貪婪，最後終於失控。

人類的想像力其實夠完整，知道不好的狀況也必須設防，卻總是在聚焦在美好結果時，極度刻意的忽視了最不樂見的萬一。「混合用藥」不是單一個案，是失控的現象，從製藥動機連結到全球利潤最高的產業，從一種明星藥物擴大到千百種明星藥物，我們所面對的是所有用藥人體內的山洪海嘯，不是嗎？每當我在講台上提醒用藥態度，聽懂的是全員，真正用行動呼應的寥寥可數。

這又得回到我所面對的大眾，總是把「健康很重要」掛在嘴邊，總是以「我知道了」強力回應，提到健康總是想到營養成分和專家言論，對他們而言，健康就不過是知識，空泛的知識。我經常想不透人類的聰明和愚蠢是如何交替表現的，我所遇見的怎麼經常是很聰明的積極在前，很愚蠢的消極在後，怎麼發表高論和避不見面的經常是同樣的人？怎麼很有點子的人都缺乏面對善後的承擔？怎麼全民都對消極被動的經營健康津津樂道？

我希望你醒過來，因為你的子孫希望你此刻就醒過來，這件事絕對不是你那一貫的非同小可，絕對不必等到堅持「不吃會死人」的那一刻。而且在追究別人的責任之

前，請先檢討自己的過失，你身旁家人此刻所承受的病痛，或者是往後生生世世的家族遺傳疾病，和你長久以來的堅持不會沒有關係，我指的是你腦子裡那一套腐朽不堪的運用程式。

如果沒做的，別人硬推給你，那真是很難過，可是我們真做了，我們都犯了很嚴重的過錯，真的不能繼續錯下去了。我必須再說一次，我們的下一代何辜？幽門螺旋桿菌何辜？盲腸何辜？收納垃圾的肝臟又何辜？被當作廢物丟棄的膽囊和子宮又何辜？

《無量之網》作者桂格布萊登（Gregg Braden）：「人類最珍貴的傳統思想提醒我們一件事，其實有一種語言可以用來和無量之網對話，這種語言沒有字詞，也不需要我們平日以手或身體進行表達的外在溝通訊號。它的形式實在非常簡單，人人皆能流利的『說』它，甚至每天運用在生活上－那就是人類的情緒語言。」

菌與情緒

大約半世紀之前，一位美國執業醫師辛德勒（John A. Schindler）憑著敏銳的觀察力，發現生病是特定病人的習慣，而且生病的「慣犯」幾乎都有思考負面的問題。他把觀察心得寫在自己的書上，非常確定情緒和疾病的對應關係。辛德勒醫師以《健康快樂活到百歲：12 種人生幸福祕訣（12 Principles to Make Your Life Richer）》為名出書，這本書在我出生之前就已經問世，算是很早期的健康書，他掌握了現代人至今依舊還在摸索的大方向：情緒。

情緒與健康有關，這不一定是人人都具備的常識，願意主動探討健康的人多少都有相關的認知。我自己則觀察

到上班族的不快樂比例，少說在七成至八成之間，不一定是薪水的問題，多數是工作的動機和熱誠，充滿著不得已和不自在。結果最容易掛病號的就是上班族，他們不容易在工作中展現紀律，上班只是呆版的例行公事，這種負面情緒持續燃燒的結果，個案已經數不清，結論是得不償失。

你常觀察人嗎？如果設定「無憂無慮」的目標，你認為有多少人合格？千萬不要把這種境界和財富連結，財富和快樂沒有絕對的對等關係，只有健康無病痛具備這樣的實力。觀察路上的行人，觀察捷運公車上的人，比較一下在餐館吃飯的人，似乎很容易掌握到情緒指數的差異。

吃帶給人喜樂，可是這種快樂通常時間短暫，值得深入研究探討的是吃所帶來的不快樂，因為多吃的快樂總是導致腸道不快樂。字面上看「腸道不快樂」會認為是「腸道不健康」的比喻，不能說有錯，可是腸道是真的不開心，現代人的腸道的確不快樂。腸道有情緒，因為細菌表達了情緒，因為細菌傳達了情緒因子，細菌因為環境不佳而表露情緒，我們因為飲食文明而讓身上的細菌不快樂。

英文說「Gut（腸道）Feeling」泛指直覺，直覺不是隨性的感覺，含有理性因素，結合認知與專注力，綜合來自腸道的訊息和良知的指示。感官一般不會觸及良知，良

知需要激起勇氣，有時候也需要開啟智慧，感官必要時需要理性的判斷。邏輯研判，腸道健康者的直覺力比較精準，比較有機會做出合乎個人價值的判斷。

我們一般認為情緒從大腦發出，事實上可能不是如此，當我們知道腸道健康狀況左右了情緒表現，也知道食物因素介入了情緒表現，同時不排除細菌訊息介入了免疫信息。情緒的複雜程度還不只如此，人格特質也從飲食和脾氣多方置入情緒變數，也就是說，是正向循環或是負向循環，可以是一念之間，也可能是長期性格和習慣的累積。

經驗告訴我簡化情緒複雜因素的方式，從增加能量飲食做起，也從淨化腸道做起，菌相重建就是穩定情緒的途徑，同時也是保健養生的基礎。學習聽從腸道指令也是一種健康修煉，腸道指令結合了勇氣、膽識與良知，在實證中揮別不當的習慣和不健康的過去。

天然百憂解

情緒與健康之間關係密切，每當我從新聞媒體中看到任何暴怒的鏡頭，不管是揮拳打人或是大聲嘶吼的，直接聯想到的是這個人的健康狀況。雖然不能說愛發脾氣的人

的腸道一定不健康，但一定還有很大的改善空間，我自己從每日的大腸活動反應壓力狀態，工作壓力大會導致大腸的遲鈍。聽起來有點玩笑，事實上邏輯脈絡已經很清晰，情緒和腸道健康有關，菌相是腸道健康的指標。

焦慮與動怒具備雷同的情緒本質，來自加拿大麥馬士達大學（McMaster University）的研究人員發表了情緒表現和菌相關係的研究報告。這個研究由博塞克（Premysl Bercik）博士領軍，透過切斷老鼠的迷走神經，研究人員對照出腸道菌相的信息差異，如果神經管道暢通，抗生素的滅菌效果直接影響老鼠的情緒表現。結論是乳酸菌的信息傳遞物質抵制了焦慮的表現，投射在人體腸道，推論乳酸菌有穩定人體情緒表現的功能，腸道的健康造就了人體心理層面的健康。

欲證明情緒與菌相之間密不可分的關聯，要靠時間、環境和習慣的養成，務必給自己足夠的時間經營腸道環境，且務必丟掉急著看到效果的念頭。市面上買到的各式乳酸菌都具備抑制焦慮的實力，但需要態度和時間因素的配合，速效的動機完全沒有意義，缺乏耐心也不可能看出成效。

失衡從一個變數開始，生病都從一個負面念頭開始，身體是一個演繹平衡的生態系統，細菌則是協助生物體經

營平衡的一群尖兵。多年的輔導經驗中，我清楚看到人們的無明執著，只願意相信自己主觀所相信，而且多數人的經驗法則都選擇相信遠離生態平衡的「主流優勢」。「主流優勢」概念性的整合了所有人類所創造的專制性勢力，有主流地位的支撐，有媒體和口碑的連結，當然絕對少不了既得利益所追加的馬力。

結果是人人主張憂鬱，處處宣稱憂鬱，沒有憂鬱的懷疑自己憂鬱，有憂鬱的因為投靠藥物而更加憂鬱。健康幾乎就變成遙遠的概念，信心逐漸瓦解，安全感也逐漸遠離，負面心理和低迷生理交錯，類似於藥物副作用與藥物副作用之間的交互作用，最終還是只能用盤根錯節來形容。到醫院看精神科的遲早要看其他科，看慢性病的最終也得詢問精神科，如果每個人都有詢問自己腸道的觀念，得到的答覆就是只需看腹腦這一專科。

這種解說依然容易引導讀者進入治療思維，其實這一切都是保養訴求，關鍵在信念，從相信出發，從願意給身體甦醒的機會發掘出動機。我當年從斷食頓悟出儲存生命的概念，從細菌的版圖體悟到生命力的展現，也從腸道生態領悟到置入生命元素的重要性，所有心得整理出一個執行大方向，就是相信活菌的潛力，全力經營腸道的生命力。

健康無價，有錢也買不到，需要時間的累積與紀律的堆疊，需要能量的灌溉與身體的覺醒，需要空腹的熟練與四肢的活絡。

Chapter

09 復活 Rise

五十歲死亡，八十歲下葬。

六十歲沒命，七十歲火葬。

現代人遵循生病公式，預約癡呆和照服。

生活沒了品質，生命沒了尊嚴。

其實可以，勇敢選擇即刻復活。

01 減肥?別傻了!

《我們只有10%是人類》作者艾蘭納柯琳(Alanna Collen):「將肥胖者身上的細菌群系轉移到無菌小鼠身上,會使牠們迅速增加體脂肪,表示細菌是造成體重增加的原因,而不是肥胖帶來的結果。」

甘願瘦

請先容我對女性朋友說幾句話,請問妳買過幾本減肥書?使用過幾種減肥方法?親自料理過幾種減肥食譜?吃過減肥藥嗎?減肥營養品呢?應該還得請問,上過健身房嗎?還是買過減肥課程?看過減肥門診?請別告訴我妳曾經去醫美診所抽過脂,而且動過去韓國整型的念頭。

總結一下,幾歲了?興起減肥念頭有幾年了?一共投資多少錢在這個念頭上面了?那麼現在呢?還滿意自己的身材嗎?反正已經步入中年,也不需要太斤斤計較自己的身型了,是嗎?請坐下來,順道徒手觸摸自己的腰際,就是和肚臍眼等高的腰身兩側,抓得起來一整塊肥肉嗎?

我對那塊肥肉有一種解讀,這其實無關男女,只是女性會比較關注這個話題,也會有改變的行動力。心得來

自於斷食的成功案例，也來自於信念所驅動的執行力，這些肚子上方的隆起都反應腸道深層的宿便，不是一點點宿便，是好幾公斤的宿便。個人對於進行腸道整頓的建議，首先必須把地下室的汙垢清掉，當然必須先關掉一陣子的口腹之慾，因為過去吃得過多，得平衡過來。

如果我繼續追問下去，感覺事情會很難善了，或許會激發眾怒。因為我接下來真的必須要問很重要的問題，請問妳曾經擔心過老公會出軌嗎？如果有，這種不安全感在妳心中有多久了？再次觸摸一下肚子腰身的肥肉，有沒有可能，這才是不安全感的真正源頭？我的意思是，當妳擔心害怕，或者恐懼憂慮的同時，妳其實可以把這些能量消耗轉成行動，放下手上的遙控器，站起來，走出去。

有一個名詞叫作「甘願受」，我相信妳懂，或許也常講，那首歌也會哼上兩句，可是妳卻常常不是那麼甘願。分享一種心得，我從細菌的行為體會到真正甘願的道理，不甘願的時候，細菌就集合起來造反了，正常情況都是甘願的。牠們只做該做的事，除了轉換現有的營養資源，還會釋放必要的訊息，隨時都可能因為環境不佳而死亡，或者隨著糞便離開人體。

我們缺乏細菌意識的養成，因而失去穩當的安全感，

就是因為不知道該進行細菌改造而承受那討人厭的肥胖，有時候就是覺得慵懶而好吃，而那時候正是腸道腐敗菌大興土木的時候。細菌是肥胖的關鍵，細菌也是不會胖的功臣，我們都得心平氣和面對這個事實，規劃一段時間給腸道去養菌，透過益菌熱愛的食物好好養菌，重點當然是飲食習慣的改變和時間的累積。

先有尊重細菌的態度，接下來就看細菌怎麼回饋，讓腸道細菌來修正你的味覺，讓腸道菌相來主導飲食習慣，讓腸道細菌把身體不需要的油脂輸送出去。我知道這聽起來就很不可思議，可是細菌的世界本來就超出你我的想像，留住身體需要的，清掉身體不需要的，這本來就是腸道細菌的工作，細菌在腸道製造維生素，目的就是協助身體排毒。

控制體重的關鍵在腸道菌相

我企圖透過這本書糾正很多錯誤的觀念，其中最必須即刻制止的就是把自己身上的狀況推給遺傳基因，這種念頭已經是一種社會化的陋習。那些家中有肥胖長者的人和得到癌症的人，應該從態度上去免除這些錯誤觀念的干

擾，我相信這是來自細菌最誠懇的忠告。我奶奶重度肥胖而且糖尿病，我爺爺肺癌過世，深入瞭解兩位長輩的人格特質，再往他們的下一代分析研究，真正該吸引我注意力的倒是我們家族的長壽基因。

當我自己經歷過態度上的迷失，從肥胖的身軀尋回肌肉結實的身體，所有細節的轉變都在腸道醞釀，所有改變的關鍵都從我有「菌叢替換」的信念，而且早早記錄在我十年前的作品《益生菌觀點》中。記得我當時帶著《益生菌觀點》的初稿去陽明大學拜訪蔡英傑博士，蔡博士禮貌性的接見，並請我吃中飯。後來我回想，如果有任何讓蔡博士無法正面回應的，應該就是我自己外表的呈現。

是的，都是自己的問題，都必須自己承擔起改變的責任，時間當然也驗證了我腦袋的所有藍圖。摘錄《我們只有 10% 是人類》的作者艾蘭納柯琳（Alanna Collen）在書中的一段文字：「優格對一個擁有健康體重的人來說或許是 137 大卡，但對於過重的人或擁有不同腸道細菌組合的人來說是 140 大卡。再次強調，雖然差別很微小，但它會累積。」

希望你有點心得，其實健康就像是投資的複利和預借現金利息的差別，仰賴的是身體的能量運作和平衡，執

行者就是包括腸道細菌在內的腹腦（請參考「腹腦大藍圖」）。我在課堂上一定會談動機，我告訴所有企圖減肥的死了這條心，因為浪費錢也浪費生命，減肥會成功，也一定會復胖。為什麼？因為動機錯誤，因為這種預期短時間之內效果的動機肯定不會成功，我指的是常態性的成功，這和生命藍圖的道理都一致。

請繼續往下閱讀「十年」，你就貫通了，我誠摯希望是豁然開朗的貫通。艾蘭納柯琳舉了一個很有啟發性的案例（我只能重點提示，建議讀者閱讀原著），她以非洲庭園林鶯增胖又減重為例，除了闡述生物的特殊天性，也提示少吃和運動不會是減重的唯二途徑，生物體內還有獨特的能量儲存與轉換系統。

藉此議題繼續糾正透過加減邏輯看待身體的老舊觀念，這也是早期的營養學所留下的窠臼，處處都還是缺什麼就補什麼的鼓吹，這是一條永遠找不出亮光的死巷。為什麼健康必須要有生命觀，因為健康的食物是生命，因為細菌是生命，而生命是有創造力的，生命是可以繼續延展新生命的。所以變數在身體裡面的生命，變數是腸道菌相，健康的關鍵在腸道菌相，體重控制的關鍵也在腸道菌相。

如果腸道細菌不繼續轉換熱量，而將有肥胖威脅的食

物很有智慧的貼上「待丟棄」的標籤，接著再交給良好排便習慣的你，是不是一件美好的事？然而，事情還必須先回到原點，回到我這本書談了很多的心法。你必須革除那個想不勞而獲或者一勞永逸的念頭，把快速獲利的念頭還給講台上那位口沫橫飛的講師，生命終究還是自己經營，健康畢竟還是自己努力。問自己：那位身材標緻的超級偶像，或者是那位身體無肥肉的帥哥型男，何時可以到位？

02 來自腸子的阿茲海默

《記憶的盡頭》作者傑英格朗（Jay Ingram）：「失智並非必然，但從來不是意外，而且這種疾病有幾種彼此互相衝突的解釋，這些解釋需要研究者後退一步，離開顯微鏡，更仔細觀察病人，而非腦子。」

失智公式

我已經正式進入一般人直覺是老年的年紀，這是我寫這本書最需要勇氣寫出來的一句話，因為打心裡強烈否定這個事實。沒有做卻得承認有做，劇作家喜歡置入這種情節，因為很讓觀眾糾結，很有讓電影欣賞者坐定的力道。我經常有那種被迫「認罪」的尷尬，看著同學群組裡面那群退休老人之間的對話，不時又是一張張白髮男女的合照，自己的錯亂總是來自於他們是我同年齡的同學。

猜年紀的老梗玩久了變得無趣，問題是每一回面對素昧平生的學員，很享受那個春心蕩漾的片刻。公開寫出就是期許不在課堂上談年紀，一直說同樣一句話，很快就有人懷疑我是否已經有癡呆的症狀，而這也是年紀與我相當的人此刻最無奈的家務事。只要上一代還健在，假如他們

還認得你，他們的生活可能都得仰賴外勞，或者你得每天重複聽相同的劇本。

我父親人生最後兩年，他會忘了才吃過早餐或是中餐，忘了早上有沒有上過大號，忘了剛剛才吃過藥，可是陳年往事絕對如數家珍。至少我父親認得我，雖然不時看著我叫弟弟的名字，印象中這是他快速老化的一段，沒有多久，就進入我們子女在醫院忙進忙出的階段。

才不過是近幾年的事情，長輩們陸續進入停止記憶的人生末段，我驚覺一種智商曲線，每位老人家似乎又回到童年，像個小孩子般被子女慈恩，有時候責罵。老人化社會才是近來新興的議題，長照也才不過是這些年才有的名稱，可是這種社會鉅額成本的消耗早已存在多時。我很確信在未來的十年到三十年，我們即將面臨阿茲海默症的山洪海嘯，一點也沒有誇大。

想起我所寫過的所有公式，例如求醫公式，例如生病公式，例如罹癌公式，如今是失智公式就在我們眼前。一位老人家看自己子女那種陌生的眼神，如果是你父母親，當然說什麼都得接受，可是就是這個無條件接受的景象，讓我無法接受。很慚愧，我也曾經是默默接受的一員，我無力拯救自己的雙親，也無力協助已經兩眼呆滯的長輩

們，可是當我看懂所有問題所在，自知責無旁貸。

　　一個問題請教，你願意接受二分之一的罹癌機率，還是二分之一的失智機會？還是接受兩個問題二分之一的降臨機率？打從我領悟出從社會面分析健康是人性議題，我知道需要有更多人願意相信這個事實，需要有更多人在滾滾紅塵中覺悟，需要有更多人投入宣導與教育。牽涉到人的本位主義和身分立場，還是人的自私和自大挖出的無底深淵，還是消極被動的懶惰性格在撰寫生病趨勢的劇本。

大海撈針

　　因為方向錯了，不論是可怕的阿茲海默，還是惱人的巴金森；不論是正常老化，還是異常退化；不論是失智，還是癡呆；不論是研究腦部斑塊，還是分析腦腫瘤，方向都不在腦子，而是在腸子。如果大腦有責任，一部分來自脾氣與性格上的頑劣，我反覆在強調的自私和自大，不是固步自封，就是不求甚解。另一部分的問題和癌症性格重疊，是思考負面，那種怨天尤人的習性，那種欲求不滿的情緒。

　　兩者有交集的地方都在大腦與腸道的聯絡管道，癌

症傾向是大腦鋪天蓋地的輸入負面情緒，導致腸道的神經系統不再有扭轉的能力。既然是雙向溝通的脈絡，兩端都有機會置入撼動平衡的決定性因子，而阿茲海默和巴金森的關鍵因子都是從底端上來，是腸道的發炎轉移，是腹腔的混亂生態日以繼夜干擾著大腦組織。全球少說有上萬位研究人員聚焦在大腦退化的研究，對於現象的遏阻幫助不大，因為真正起火點在細菌的家，在免疫系統必須接收火苗的真相。

再請教一個問題，你曾經相信一件還不完全懂的事情嗎？可能是直覺，可能單純相信告知的人，可能來自於敏銳的判斷，結果發現自己上錯了車。科學需要實證，需要數據，需要提出客觀的驗證，萬一方向錯了，走錯了月台，科學依然是科學，卻是毫無意義的科學。我聯想到全世界的冤獄數字，沒做的吃牢飯，做案的逍遙法外，在醫學文明的領空，還不只是沒生病的變有病，是大家搶著生病，大家爭先恐後要得病。

阿茲海默的數字一直在攀升，得到失智症的機率一直不斷升高，源頭在食物，問題一定出自人們愛吃的大染缸。可是這還不是得以解除警報的方向，在我們所處的環境中，嘴巴張開都是風險，如果一旦吃就得面對風險因素，

那麼大夥就直接豎起白旗，或者兩手一攤，機會和命運二選一。即使吃是問題的源頭，真正的關鍵當然是吃什麼，而吃什麼就得請問細菌。

我個人從淨化腸道體悟到一道指令，可能來自最高意識，也可能是細菌和我之間的默契，就是我所謂的相信，完全不需要白紙黑字的相信。曾經以「暢行無阻的寧靜」描述斷食過程中的身體生態，那是一種全然無干擾的境界，即使不會是常態，也是一種良善的引導，完全掌握到「無汙染」才是遠離疾病的大方向。

如果你繼續研究阿茲海默和巴金森的差異，分別要使用什麼藥物，哪位名醫的專長在哪個病症，將依然是無解的習題。其實大腦與腸道兩個方向都有其複雜性，只是往上的複雜程度逐漸擴大，往下則可望聚焦在腸道菌相單一主題。更白話一點說，還是保養和治療分道揚鑣的結果，是把健康的目標引導至心法的動機面，從相信去連結行動，從行動再去強化相信。

我們需要大規模的視窗轉移，需要很多有影響力的人帶頭覺悟，不為什麼，這個回頭的行動將影響很多人，是好的影響，不再虛度生命的影響。我們必須很有計畫性的隔絕麩質食物和乳製品，即使不是永久性隔離，也必須是

有成效的遠離，因為健康狀況改善會回饋更強大的執行信心。更高層級的計畫則是腸道菌相的改造以及能量飲食的習慣建立，隔離麩質與菌相重建同步進行，雙管齊下。

Section
03 腹腦大藍圖

《土療讓你更健康》作者喬許雅克斯（Josh Axe）：「人類執迷於根絕細菌與塵土，其實不過是近五十年到一百年的事，只要有自覺的努力迎回塵土，便能同時迎回有益微生物。」

健康的我是腹腦

深夜熟睡中，夢境如實的正在上演，感覺似乎有個空檔，腸道飛快傳來一個很急促的訊息，是直腸有狀況，隧道口擠壓，必須馬上起身如廁。不到幾分鐘，坐在馬桶上，不需太用力就解決掉腸道的垃圾，只是剛剛夢境中的人物和實境依稀還繼續上演著。夢，是記憶所撰寫的劇本，透過神經傳導堆砌出劇情，寫劇本和編導的都是自己，而且自己每一個場景都不曾缺席。

上廁所的提示訊息獨立於夢境之外，讓我想起在台北醫學院求學的一段回憶，那是學生餐廳正在舉辦熱鬧的迎新活動（那個年代的北醫很小，的確相當克難），熱們音樂歌曲連續撥放中，煮好牛肉麵的老闆只能趁兩首歌曲的小空檔，大聲吶喊「麵好了」。我的思維邏輯是，夢境在

大腦中演著，來自腸道的聲音就大刺刺的穿越，要不是對於腸道與大腦之間的聯繫管道已經清楚明白，或許我還在狐疑，這是什麼狀況呀！

腸道情境很強勢，強到可以主導夢境。肚子餓了，有訊息傳來；肚子撐了，訊息指令一樣傳到；吃壞肚子，訊息不會模糊；胃酸逆流，那種噁心感就到來；一顆肝臟結石塞住了胰管和膽管會合處，身體送來不曾體驗過的劇痛。收到之後，不論是清楚明辨，或者充滿疑惑，我們都無法否認那個真切的感覺，是有訊息送達大腦，交給腦袋去思考判斷。這一切都稀鬆平常，我們或許都不是好奇寶寶，從來不用關心身體是如何收集情報，然後又是如何整合成完整的訊息，最後明白的交付給大腦。

對於健康的疑惑就好比一片大海汪洋，之所以大家都迷失，有一個還蠻關鍵的指標，就是針對「我」的觀點，就是收到身體訊息之後，那個做裁決的大腦。因為經過我的研判，我做了裁決，我是腦部認知，腦部認知清楚知道我是誰，我叫什麼名字，所以我是大腦所收集到的關於我的所有資訊。繼續探索一般大眾所秉持的我，我不理解健康的脈絡，我對於健康充滿疑惑，健康本來就是高深的學問，健康屬於專業範疇，健康絕非我所能夠駕馭。

　　身體傳來的訊息一定和健康有關，是提醒，還是求救？是告知，還是請求行動處置？生活中，對於捎來重要訊息的人，我們會表達感謝之意，反而對於身體所傳來的重大訊息，我們疏於表達感恩。民間對於感恩文化最疏漏的部分不是對父母的感恩，是對身體的感恩，即便是長期在講授禮節的老師，即便是一位在職場中行禮如儀的長者，都可能犯了相同的缺失，都視身體全方位的守護為理所當然。

腹腦是腸道和腸道益菌的合體

　　知所感恩之後知所珍惜，知所珍惜而後有所體悟，體悟身體對於維繫健康之鞠躬盡瘁。身體既然整合資訊，它必定存在一個發號司令的單位，幾十年來的推敲與疑惑，所有證據都指向腸道的特殊神經傳導結構，一百多年前就有一位美國外科醫師羅賓森（Byron Robinson）提出他對於腸道在神經系統方面的觀點。經過一個世紀，結果是「腹腦」的名稱先行底定，情況有點複雜，方向卻很明確，意見分歧，唯一共識，這個腸道中樞神經系統絕對存在。

　　論證健康，就從腹腦的立場出發，腹腦是熟悉身體邏

輯的我，是腸道意識的我，是不分白天黑夜都主動積極的我，是為健康運籌帷幄的我。這個我，就好比那隻專注在啃食葉草的綿羊，就好比隨時勤奮覓食的螞蟻，也好比為了捕捉獵物而用心編網的蜘蛛，為了生存，為了延續生命以傳宗接代，好個從來不休息的我。想到呼吸心跳就對了，身體的自主運作就是我，隨時在代謝廢物就是我，專注尋求能量平衡就是我，維持生命是最大公約數就是我。

「你的全身上下，只有百分之十是人類。每十個構成你稱作身體的細胞中，就有九個是搭便車的冒充者。」這是英國生物學家柯琳（Alanna Collen）在她的著作《我們只有 10% 是人類》開宗明義的揭示。至於這 90% 微細生物的主要落腳處，就是我近十年全神貫注經營的腸道生態，也就是腹腦的腹地。所以把腹腦和身上細菌主力合併思考，再連結腸道有益菌被不少微生物學者形容成獨立器官的邏輯基礎，腹腦的組成應該得保留細菌的尊位。

我寫這本書的動念也是試圖表達自己對身上所有微生物的尊重，因為 60 歲的我擁有 40 歲的身體實力和體態，完全都是拜細菌之賜，都是我對牠們另眼看待之後的轉變。十年前我撰寫《益生菌觀點》的時空背景，我的腹腦概念傾向於免疫系統，也經常在課堂中說「免疫系統即是

腹腦」，當時的概念還是把人體和細菌做了適度的切割，也就是我是人，而你是細菌。如今，所有主客觀因素都逼我必須將細菌的地位扶正，即便是我個人深度執行近十年的斷食心得，也都來自於細菌為完整全植物營養所進行的終極轉換工程。

個人極度推崇微生物學者馬丁布雷瑟（Martin J. Blaser）對人體和細菌之間關係的細部剖析，只要上網聽他的演說，閱讀他的著作《不該被殺掉的微生物》，你將堅信細菌是腹腦的主力。細菌接通了免疫系統、腸道神經系統以及大腦，這個事實真相來自於諸多客觀的佐證，很關鍵的角色是一種稱為樹突細胞（dendritic cells）的白血球，基本上屬於黏膜組織的防禦系統之一。樹突細胞就座落在腸道黏膜，負責接收來自腸道微生物的訊息，然後將辨識結果告知免疫系統。

嚴格說，大腦、免疫系統和益生菌三者之間，有如彼此相互連結的三角形，各有屬於各自的傳輸媒介和系統。就實質結構上，腸道與大腦之間的迷走神經正是最堅實的傳輸公路，免疫系統則透過分泌細胞激素（cytokines）接通迷走神經的傳導媒介，我在本書的其他章節也多次提到腸道細菌和人體共用相同傳導物質，傳輸對於免疫系統和

細菌來說，都是若干世紀的演化成就，這樣的「三方通話」絕對不是現代通訊科技才有的實力，我們的身體內是隨時而且密集的進行著。

焦點再回到大腦與腹腦這兩造神經重鎮，我們很自然將前述的三方去對照這兩大中樞，透過數學的證明邏輯推理出腹腦的分工與組成，得出「腹腦是腸道和腸道益菌合體」的結論。這一段屬於本書最學術的部分，誠意的邀請讀者直接進入相信，我甚至鼓勵透過學習酵素斷食來探索腹腦的回應。我的心得是，現代人重度肥胖的趨勢起源於腸道微生物的式微，不論是觀念上或實質上，即使是聞癌色變的傳染性恐懼都來自於不接受細菌的善意，我們實在沒有虐待腸道細菌的權利。

身體傳來膀胱接近滿載的訊號，這麼理所當然的生理迴路，別忘了細菌也分攤了不少的傳輸能量，即使是提醒應該去如廁的大腸號令，細菌群的付出絕對功不可沒。夜晚熄了燈，蓋上棉被，進入夢鄉，腹腦繼續努力工作，腸道的微生物群也持續工作。

Section
04 十年

《恆毅力》作者安琪拉達克沃斯（Angela Duckworth）：「不努力的話，你的天分只不過是尚未開發的潛力。經過努力，天分才會轉變成技能，同時，持續努力也會讓技能創造出成果。」

無價的十年

如果你從頭開始逐章閱讀這本書，到了這一刻，想必已經有不少心得，假設你是十年前已經閱讀過《益生菌觀點》的讀者，應該百感交集。就讀者的部分，有兩個面向，其一是這十年細菌果真豐富你的生命，另一是你錯過了培育腸道細菌的十年，確認自己並沒有進步。

不少讀者從《益生菌觀點》的時代和我結緣，已經成為經常聯絡的好朋友，有幾位是現代還在一起工作的同伴。兩本都是談細菌的書，我的立足點不同，靈感層級不同，寫法也完全不同，其實並沒有太刻意區隔，唯一的解釋是進步。我談的不是寫作技巧，是我的健康狀況，是我的信心，是我有太多可以分享的素材，是我有實力擁抱更多的機緣。

十年就這樣飛逝而過，以十年前為起點，我多了十歲，站在體脂機上的腸道年齡卻足足少了十來歲，來回相差二十多歲。十年前是「益生菌觀點」，十年後是「益生菌養生心得」和「酵益斷食心得」，看到周圍多位如今神采飛揚的朋友，我想起這十年曾經和我近距離切磋健康的所有緣分，應該有超過五成的曇花一現比例，多半是因為信心不足，被醫療環境和老舊觀念吞噬。

小時候我無師自通畫素描，可以把人像描繪得很像，所以我很能理解畫家的樂趣，「無中生有的喜悅」成為我津津樂道的話題。就像玩拼圖的每一塊落定，就像環遊世界的每一個景點，我用相同的心態持續創作，描寫的都是心得，都是我自己走過的路，都是體驗加上實證所組織的論述。這十年所創作的每一本書，稱的上是里程碑，完整的十年，在這本書總結歸納。

我從未指望過靠寫書賺錢，更遑論發財，尤其是在小市場台灣，尤其又是真槍實彈講真話，尤其又是和大眾所熟悉的傳統價值背離。很熟悉一般人腦袋裡面的價值需求，人的整體念頭都反應在市場機制中，小市場又更加凸顯快速獲利的急迫，零售書市針對貨品流通的嚴苛標準，反而讓訴求長期價值的作品有志難伸。健康的價值幾近熟

稳，有時候又是全然的陌生，大家都忙，可是都在忙什麼？

　　十年絕對有驗證價值的實力，一份做了十年的工作，一個愛了十年的對象，一種練習十年的技能，一位跟隨十年的老闆。十年也可能是空轉的十年，是原地踏步的十年，是虛度光陰的十年，工作沒有成就感，愛錯了對象，沒有學到功夫，老闆一個換一個。

　　關鍵在起步的心態，打算經營十年，還是十天、十個月，開始就決定了結局，第一天就決定了十年後的局面。我們或許都錯失好幾個十年，可是沒有人打算浪費往後的十年，都希望很有自信的開始，很歡喜的在十年之後收成。將近十年前，我在部落格寫了一篇「十年前，十年後」，當初就以底下這一段勉勵自己：「很有自信的預言十年後的自己，找到最適合自己的大門，勇敢的走出去，堅定的走下去」，十年後的此刻，深感無愧。

以終為始

　　十年成就一個紮實的習慣，再舉晨斷食的例子，堅守早上不增加身體負擔的大原則，看到的是身體傾倒垃圾的觀瞻，可是需要時間的驗證。我每每會面對「我必須做多

久」的提問，我總會把問題再丟給提問者，這是很有意思的價值取捨，因為如果我的解答是十年，對方的反應會是什麼？

我們所面對的是自己的身體，也可以說自己的良知，不是戒律，不是合不合哪一位專家言論的論述。我不會忘記豐盛早餐的幸福感，可是我更不會忘記身體沒有負擔的輕鬆感，因為身體總會實實在在反應，我們是做得好，還是做得不好。比較合邏輯的答案是半年，可是我懷疑有多少人會在第一時間接受必須調整半年的建議？

我所謂半年，是根深蒂固的優質習慣，每日練習，持續半年後，連自己都覺得不可思議。半年不是結束，是一個脫胎換骨的新生命，是遠離疾病的信心視窗，不是數饅頭，是潛移默化。應該說明得夠清楚了，可是經驗還不如此這般簡單，接下來就是討價還價的時候，應該說大家都被「飯前飯後」和「療程」綁架太久，腦袋裡面除了制約，還是制約。

「我做三個月可以嗎？」如果你是教練，應該說可以，還是不可以？或者直接拒收這位學生？當細菌在母親的身體內整隊好，準備進入我們的體內住下來，已經宣告牠們是我們終身的伴侶，也已經提示我們必須用心和牠們

相處。我的角色很像居家照服員，家是你的身體；又有點像路上的義交，提醒你前方路不好走，提早掉頭；當然也像極了每日訓練拔河選手的教練，至於每日都和你一起練習拔河的隊友，不都是你的慾望，還有習氣？

從今天起，能量取代熱量，少量替代過量，好菌取代壞菌，正向替代負向，積極征服消極，紀律駕馭懶散。從今天起，十年後那一天一定會到來，我們當然得活著迎接那一天，健康快樂的迎接那偉大的一天。有今天，才會有十年後的那一天，今天就看到十年後，今天就先預告十年後，今天就決定十年後的生命格局。

回到我的問題：邁向未來的無價十年，你動還是不動？你走還是不走？你來還是不來？

Section
05 絕對不拖累下一代的承諾

《東西的故事》作者安妮雷納德（Annie Leonard）：「我也只是一個人，我們都是一個人，事實上，只要團結起來，我們就能一起完成遠大的目標。所以關鍵的第一步，就是要加入團體，或是跟志同道合的朋友或鄰居一起追求相同的目標。」

公園的瑪麗亞們

在公園裡，你可能常常可以看到一群人集體在做操，看到男男女女在走路或慢跑，看到有人打羽毛球，看到有退休老人在下棋，好一副生命融洽與美好的景象。

可是往另一個方向定焦，不少輪椅併排，不是太整齊，每一座椅上都坐著一位垂頭喪氣的老人，有幾位吊著點滴，基本上都兩眼無神。不遠的公園靠背椅上，一群妙齡女郎正在高談闊論，旁人都看得懂她們是何方神聖，各自負責看護一位老人家，大家約好時間出來放風。

無關這群老人家年老體衰，也無關這些外籍看護的異國夢，我們這一代的生命態度就濃縮在公園的這個角落。生命的基本主軸是忙碌，健康只是提供憧憬的價值，沒有

人對於儲存生命有概念，沒有人對於避開這一條生病公式有準備，大家都得有錢請外籍看護，或者有能力讓老一輩住進養老院。

發生在有老人家需要請看護的人家，基本上劇情都類似，而且發展出來的戲中戲也都雷同，還是無關生病的老人，還是無關那些遠渡重洋而來的女孩。演戲的是忙碌的子女，討論誰付出比較多的是子女，為父母親的看護事宜幾近要翻臉的還是子女，通常都不乏女婿和媳婦的參與。

老人家也許已經失智，也許沒有說話的體力，可是他們不致於看不懂人的眼神，他們應該不會不知道自己成為子女們起爭執的事由。請原諒我有可能激怒了你，不是要喚起任何不愉快的回憶，這種劇本絕對需要被更新，我們沒有人願意提早預言下一代的紛爭，沒有人希望自己有一天得面對這一幕。

回到現實生活，大家或許都做了自認為該做的準備，我們買了保險，為老人家準備了藥物，或者購買了高檔的營養品。從現象面分析，我必須很遺憾的說，很少人為自己的未來提早做足準備，很少人有把握自己不會進入接受看護的輪迴，很少人知道未來的生命可以預先從此刻開始儲存。

在此為大家複習艾德華郝爾（Edward Howell）博士的「酵素潛能」主張，即使只是理論性的呼籲，在我們長期「能量取代熱量」的計畫中，在「晨斷食」以及「七日斷食」的例行性執行中，在我們以日為單位補充活菌的習慣中，身體的年輕化和遠離疾病的信念都在自己的掌握中。

如果你不解腸道是身體土壤的道理，如果你從來都不知道人有斷食的潛能，也有執行斷食的強烈需要，當然不可能理解這種信念的由來。我建議你盡快熟悉這一套系統，評估學習之後，快速進入「做中學」的階段，接著當能理解我所謂「行中悟」的道理。

身體和細菌都不懂的揚眉吐氣

「病人自主權利法」已經三讀通過，熟悉醫院生態的你我，有鑑於 20 年後即將有機會成為輪椅上的人，對於決定自己怎麼離開，多數人基本上樂見有法律的背書。我把自己融入在立場一致的中年族群中，很樂意為重視病人尊嚴的法令喝采，只可惜這樣的立場並無法防範未來子女之間的口角，也無法確保我們到時候不會接力坐輪椅。

曾經在網路看到名作家瓊瑤寫給兒子的一封信，瓊瑤

女士呼應今周刊的一篇文章「預約自己的美好告別」，我願意在此呼應她的「笑看死亡」，只是我勇敢呼籲所有對於「尊嚴死」有想法的人更加嚴謹的看待「尊嚴」。在我們的信念中，除非意外事件發生，我們不會有機會讓子女面臨填寫「放棄搶救意願書」，因為我們的養生之道超越了一般人的生命軌跡。

我同時願意利用本書發表的機會，公開以我們夫妻兩人的身分立場，向我的兒子以及未來兩位媳婦宣告，將來絕對不會為了自己的健康打擾到他們，也絕對不會讓他們當我們的看護，也不需要他們為我們負擔任何醫療費用。我以絕對的信念預言一群好朋友將為此信念而結盟，那個我曾經描繪過的「樂老群」即將宣示成立，我不知道是哪一年的哪一天，我只知道自己不會缺席。

20多年前，我丈母娘辭世，近10年之間，陸續送走了我丈人、我母親和我父親，除了我母親走得突然外，其他幾位長輩都經歷臥床的煎熬。我父親把自己將近60年的人生奉獻給病患，身為病人所尊敬的醫師，他臨終前那三個月的生命品質，在我看來是全然繳械，我是指尊嚴的繳械。這當然不是他老人家所願意的情況，可是他沒有準備，他也不知道可以準備，他從來都不知道他應該為那一

天的到來做足準備。

　　如果可以簡短陳述我的信念，是細菌的發酵送來這個生命大禮，我在發酵的能量世界中發掘到物質生命的力量，我在不讓身體有熟食干擾的一段時間中，用心體恤身體長期的辛勞，也為身體儲存更多的生命泉源。

　　細菌成就了我的信念，我也持續找機會回饋自己身體內的細菌大軍，斷食過程中，我的身體得到全方位的休息，那可是體內有益菌修生養性的時刻。很多人可以從看到此刻的我找到動機，也有不少好友為我這十來年的辛勞而給予肯定，就我年輕時候的價值與目標，這應該是揚眉吐氣的一刻。可是，我卻在人生的此時揚棄了爭氣的所有念頭，也期勉自己，絕對不要有絲毫的自滿與自傲。

　　細菌不要我揚眉吐氣，身體也不要我爭一口氣，它們都提醒了我，爭氣不是生命的重要學分，勇敢彰顯生命與身體的本質才是。

馬上致人於死的毒，表面上最毒。

讓身體無法正常運作，最後導致慢性病纏身，實際上最毒。

為了特定目的而不擇手段，是人的行為，也是藥的態度。

Chapter

10 信念 Faith

自己安排，自己管理，自己經營，

自己經歷，自己領悟。

一切操之在自己，堅守自然的引導，

何來懼怕之有？

認識自己，愛惜自己，

瞭解自己，珍惜自己。

孤獨與美感之間，靈動頻頻點燃。

承受和承擔之間，信念不斷激盪。

Section
01 全然的當責

《高效信任力》作者小史蒂芬柯維（Stephen M.R. Covey）：「承擔責任會在文化裡建立非常大的信任感，因為當大家知道每一個人都必須符合某種標準時，就會有安全感。領導人不要求大家為結果負責時，情況就會相反。」

從信任到熟練

2016 年四月，我前一本書《初斷食》出版，順應一群好友的熱情，其實也是我個人的心願，我們選擇在我生日當天盛大舉辦新書發表會。我親自邀請了幾位重要的來賓列席，包括我陳家以及我太太娘家的長輩，兩位住在台北而且和我太太很親近的姐姐也在受邀之列。

當天是我個人的大日子，可是從結果論審視，我認為我太太的八姊是當天最大的贏家。平日我們兩家彼此的感情就很好，我禮貌性邀約，心頭有個聲音，期許姊姊會因此而改變。改變什麼？因為我已經從她的臉部看到肝臟的暗沉，可是直接就狀況溝通也不是上策，又何況彼此太熟，我的影響力有限。

　　發表會上幾位分享人的故事很震撼，我在親友印象中，應該稍稍建立了些許影響力。接下來的半年，八姊決定有計畫進行深層淨化，連續做了六次的七日斷食和肝膽淨化，原本就在教排舞的她，現在儼然就是妙齡少女的身材。身材是旁人的觀察，當事人則是從每一次的淨化中，看到身體排出毒素的力量。

　　拖延是眾生的習性，等待是人性最大的弱點，內心的聲音總是「再說」，我不敢把自己屏除在這兩種惰性之外，期許自己是合格的老師。事情當然有優先順序，如果是身體需要改造，如果身體已經亮起紅燈，如果自己都知道必須改變，繼續耗損就是賭命。我這位長輩完全掌握到生命所傳來的訊息，她選擇即知即行，而且說到做到，如果我說她因此多賺到十年的生命，我相信她本人絕對會附議。

　　我相信遲早有人會對「來自腸子的阿茲海默」一文提出質疑，也不排除又有人以「證明給我看」來嗆我，我只是沒把握嗆我的人有沒有機會再等 30 年。時間絕對可以證明，未來的歷史也將有眾多文獻來支撐，我總是遺憾看著選擇繼續評估的人，有多少至親好友的冷眼旁觀，有多少鄉親總是把這件美事當成生意來評斷，還有長輩強調我是推銷益生菌和酵素的人。

　　我曾經以「確診的隱形禍害」為題撰文，所謂的「確診不重要」是超越一般的確診觀，是積極保養，是全力清毒，是讓腸道呈現最佳菌相，是讓身體來提示沒有疾病的顧慮。其實診斷的真正隱憂不在診斷本身，是其背後的心理素質，是知道所引來的恐懼和憂慮，是多數人只願知其一而不願知其他的恐怖。

　　所有的呼籲都是把時間鎖定在此刻，透過全然相信自己身體的觀瞻，為自己的健康負起全責，實際進入感動自己的行動。我所謂的全然是完全不打任何折扣的絕對信任，我們可以相信父母、相信先生、相信妻子、相信兒女、相信合夥人、相信員工，多數人也會選擇相信他的醫生，但我們為何都不相信自己的身體？

全然與當責

　　我熱愛棒球，早期曾經為某球團的刊物寫專欄，不時也評論球賽內容和球員表現。有一次，某位投手對我的評論感覺到不悅，他堅持與我對話，雜誌社總編只好交出我的聯絡方式。這件事情讓我對於責任有更深一層的覺知，對於總編沒有善盡保護作者，我心中強烈質疑，可是表達

抗議也無濟於事，我只能反過來檢討自己夠不夠同理心。

　　這位投手表達了一種立場，就是當事人與局外人，參與比賽的和場邊評論的是兩樣情境。這就是我此刻的心情，我極力驅動你進來比賽，用行動參與提升健康的每一個行動。我是球員，你是評論，這種關係不能一成不變，不排除我當教練，你試著當一陣子球員。你知道嗎？成功的教練不一定擁有好身手，當球員時的紀錄也不一定頂好，然而他們就是懂球員的心。

　　在球場或職場，尤其是有競爭存在的場域，邀功成為常態。因為有我，才有今天的你；因為我的能力，公司才會有今天的場面；因為我的表現，球隊今天終於贏球。明星球員很多的球隊為什麼都打不到冠軍，暢銷曲很多的合唱團為何都會走到拆夥的局面，紅極一時的連鎖店怎麼突然關門倒店，在邀功的背後，始終有不勞而獲的支撐，總是有我理當如此的傲慢。

　　這是心理素質，是人格修鍊，也是健康的基礎。劇本的主軸其實是責任，什麼是義無反顧？何謂責無旁貸？因為從來都不是別人的事，從頭到尾都是自己必須扛起的擔當，而且是表現在行動上，不是在嘴上。即使現在是球員，也得有擔任教練的心理準備；即使此刻還是學生，你得知

道後面還有學弟學妹要向你看齊；即使你現在都還不懂，你還是得準備迎接那心得滿滿的時刻。

運動比賽的決勝點很可能就是那一秒鐘不到的差異，棒球選手的擊球點都得掌握住那十分之一秒的瞬間，每一種球賽都在提醒那關鍵的瞬間，遲疑一會就不再有機會的瞬間。所有身體的運作也都不會有任何的延誤，細菌尤其是最能抓住第一時間的尖兵，牠們是最擅長表演「捨我其誰」的物種，沒有拖延，沒有推諉，全然而且當責。

02 化療？不要鬧了！

《無麩質飲食，打造腦健康》作者大衛博瑪特（David Perlmutter）：「你不但可以操控自己的代謝，只要好好滋養腸道微生物群，就能控制發炎路徑，促進腦部健康。即使你沒有自然產的先天優勢，就算你接受過抗生素治療，或是吃了太多碳水化合物，也有逆轉勝的辦法。」

得寸進尺

寫了幾本健康書，我每一本都會提到抗生素，畢竟那是和腸道菌相直接對撞的主題；我也都不會遺漏癌症議題，畢竟那是民間最需要被教育的主題。「恐癌症」才是癌症的真面目，這個病的致命關鍵真的不在疾病本身，是對它的誤解，是這個病已經被連結到死亡的記憶晶片。

歸納在生活習慣病的所有現代慢性病中，癌症有其獨特的發病因素，幾乎所有個案都可以理出個性上的「悶」與「憂」。愛鑽牛角尖，容易想不開，把情緒積壓在心裡，在所有個案中，不健康的腸道影響了腦部的思考，腦部的負面傳導進一步干擾到腸道的健康，腦腸軸線形成負面訊息的流通，最後一發不可收拾。

　　當我理解腦腸之間的雙向公路往來，當我明白負面情緒的破壞力，當我釐清藥物與食物對腸道的多管道傷害，很多慢性病的脈絡都逐一顯現。應該已經有三十多年的時間，幾乎就在我接觸醫學教育的同個時期，化療這個名詞就在我們周遭放送，曾經不是太在意這樣的發展，我們就眼睜睜看著這隻怪獸逐漸壯大。

　　對抗，是侵略者的思維，是軍國主義的邏輯，是立場和理念不同的雙方所必須採取的陣勢。病人的身軀基本上是哀兵姿態，體內生態被當成敵營來轟炸，如果你有機會深入理解這些化學藥劑進入身體的後續反應，不要說你是當事人，病人是你父母親、愛人或是小孩，你會發覺簽下同意書是很殘忍的行為，就暫時不談執行治療的心態。

　　往前回顧半個世紀，那時候是傳染病的時代，是抗生素萌芽的時代，是偉大產業的地位直飛天際的時候，這是我所見證的醫療傳奇壯大的時期。由於對抗有成，殲滅成為西方醫學不可一世的主軸，製藥邏輯與治療思維都源自這個程式，因應癌症罹患率的全面提升，化療的研究發展終於也行情看漲。

　　我們都有機會往心裡追蹤慾望的足跡，只是一種念頭，可是它會長大，只要持續被滿足，它只會不停長大，

不會消失。從自卑到自滿，在人類的內心深處伴隨著一種傲慢潛質，它無所不存在，不論失意或得意，尤其當重要性無可取代，尤其當眾生都仰望你的威望。歷史上的侵略者都出現一種思想，就是你必須歸我統領，因為我的實力，你只有聽話一個選項。

看到癌症病患就醫，那種令人鼻酸、令人心痛的局面，我總是不忍心。可是今天之前都無關醫療，基本上都是我們自己荒廢掉身體，很類似武俠小說中的自廢武功，廢掉自己之後，任人宰割。從今天起養生，從今天起養菌，只是態度修正，局面就可以翻轉，只是聚焦腸道，局面就完全不一樣了。

關我什麼事？

在講台上聊起自己的背景，不時會脫口而出，說出「我生長在醫院」，心中隨即有聲音要求修正，惟恐引起誤會，以為我是一路病大的。正確說法是「我家就是醫院」，如果我的印象還正確，很多人羨慕這種成長環境，我自己也當成是一種安全倚靠，直到我對於醫療的真相和人性有了更宏觀的看見。

　　我在聆聽羅斯阿特曼（Russ Altman）博士針對藥物副作用與副作用的交互作用時，當聽到美國政府將有龐大經費支持那一段，心中發出很篤定的聲音：「干我屁事」。原諒自己言詞的粗魯，那是我心中對醫療發達的一種吶喊，對抗性的藥物碰到對抗性的藥物，會出現等比級數的傷害效應。問題在製藥的源頭，結果我們得花錢研究那沒完沒了的結果？

　　情勢當然是這樣發展下去，更多的經費，更大筆的預算，更精密的儀器，更高水平的檢查設備。我看到一種囚禁效應，大家都掌聲叫好，所有人都樂見醫療設施的精進與精密，卻很少人願意很認真的評估養生保健的態勢。所以所有人的觀念都是定期健檢，老人家要每天量血壓，血糖過高的每天測血糖，唯恐自己過重的每天量體重，這些看起來再合理不過的「好習慣」，在我的視窗中，卻是值得再三評估的行為。

　　請不要在第一時間反對我的觀點，只要挑出幾個自己熟悉的個案，那些平日生活無慮的臥床個案，經濟能力絕對可以滿足所有應接不暇的檢查和治療，可是這些花費只要提撥一點出來做預防，情況就會截然不同。如果讀者懂我的立場，就應明瞭我沒有批判醫療的意思，這是弔詭的

人性議題，是依附在我們心底的僥倖心態，是凡人都不喜歡自修，只圖有佛腳可以抱。

依我多年來觀察的心得，化療不是治療，是侵犯，是凌遲，是對病患身體的忤逆。當醫生堅持病人必須要進行化療時，他的思考其實參雜了很多醫療方的立場因素，當你繼續聽到必須要自費的部分，當你繼續看到病人及家屬那種急迫的神情，我已經不忍繼續描繪這些劇情，就不再探討下去。

化療是一種醫療傲慢，可是我不願意太苛責醫療方，畢竟更傲慢的都在我眼前，那些我行我素的高級知識分子，那些堅持不需要保養的旁觀者，那些姿態上與我們的主張保持距離的健康人。再一次請求你的原諒，如果我的用詞冒犯了你，人生本來就是緣分的激盪，生命本來就是磁場的共振，我的出發點絕對良善，懇請讀者明辨。

把自己照顧好，醫療的局面就跟你無關；年輕時候養身體，年老就不用養醫生；養醫生不是養生，養生是不碰醫生。

Section
03 菌療大未來

《醫學不要論》作者內海聰:「我沒有一天不覺得自己是個垃圾醫師,毫無頭緒的反覆進行無效的治療,把上百人逼入絕境。正因為如此,我才會努力把自己的知識拼湊起來,為了向下一代、向地球贖罪而推動改革。這樣的行為無關年齡、無關權威,也無關名譽金錢。」

顛覆治療的治療

藥品談效果,營養補給品也談效果,現在連使用益生菌保養身體都談效果。到底該如何定義效果,其實真正解答存在於每個人的自由心證,好了就有效,越快好的效果越好。回顧我小學生時代的觀念,除了不懂何謂自由心證,上面那句話也是我可以理解的邏輯思維。

談效果有錯嗎?應該沒有;確定沒有問題嗎?事實上有問題,而問題不在效果的訴求,在治療的定義,在治療的權限,在治療的必要性,在治療的適當性。在價值觀落差所造成的供需角色,所有醫療糾紛所處理的都源自於定位不清,也源自於一件不必要存在的事情,被強迫存在。

我觀察到一個事證:拿掉治療的念頭之後,獲得最佳

的治療效果，也就是沒有治療創造出最佳的治療。這種說法很容易被誤解成反對就醫或是延誤就醫，應該要回到不需要治療的事實，也就是根本就沒病，我們都習慣性的把不舒服放大，很多肚子痛的症狀只要上過廁所就好了，只是糞便擠壓造成的疼痛感。

當然事情不可能就是靠上廁所解決這麼單純，身體內部畢竟有其無可避諱的複雜性，而且我們有意無意也把身體的複雜搞得更加複雜化。至於如何將複雜的身體邏輯簡單化，唯一的方向就是回歸腸道，唯一的途徑就是委託給細菌，這是細菌的職責，進化的起心動念。

談了這一大段，我主要想提醒一個事實，我們現有的醫療結構永遠解決不了病痛複雜化的趨勢，不僅醫病關係是問題，處方邏輯是問題，認知心態更都是問題。你只要有機會退出來看，從對立面看，從另外一個視窗看，從我的立場看，一切都是那麼明朗，我們都在攪和，無厘頭的攪和。

回到「儲存糞便的時代到了」一文，我相信讀者不會忘掉如此驚奇的發展，不僅執行治療的醫師嘆為觀止，連病人都大嘆不可思議。透過網路資訊，我果真發現有不少國外醫療單位對「糞便移植」的重視，如果以我們前述

的「快速有效」的標準，幾種病患真實反應了他們對於收到健康糞便的感恩，以克隆氏症為首的腸道重度發炎是一種，多發性硬化症是一種，歐美比較常見的困難梭狀桿菌感染是一種。

必須要強調的部分，這些病症都導致病人極度的痛苦，而病人的描述都是「快速感覺到紓解」，幾乎都是「快速認定自己已經康復」。他們可能從直腸注入糞便稀釋液，也可能是服用所謂的「糞便膠囊」，不是傳統的藥物治療，也沒有任何其他的營養品補助。根據民間對於治療的見地，主客觀綜合起來，這就是治療，要請問的是，這是糞便的療效，還是細菌的療效？

細菌療程隨時在進行

災難現場，有一個人被埋在瓦礫中將近一個月，最後被救出來。當他被抬出來的那一刻，雙眼先被蒙起來，以免刺眼的陽光傷害到視網膜。可是當事人卻可以強烈感受到陽光的溫暖，這是在地底下所缺乏的生命要素，在受限的空間中，他仰賴現場僅存的兩瓶礦泉水和自己的尿液存活下來。

　　當我們透過類似的案例認知空氣、水、陽光的需要性順序時，研究人員發現了另一個關鍵的存活元素：生命力，每一個存活的個案都保有絕對要活下去的鬥志。可是當想到鬥志或是決心毅力這樣的概念時，我們想到大腦，我們把功勞全都給了頭殼裡面的力量，忘掉了身體的土壤在腸道，忘掉了能量的源頭在細菌，尤其當沒有食物供應能量的狀況，更加顯示腹腦調節能量的實力。

　　一個議題繼續提供讀者思考，讓我們回到災難現場那瓦礫中的有限空間，不考慮活動能力，是體重過重者容易存活，還是正常重量者？其實從身體的脂肪存量，肥胖者有絕對的「糧食」可以運用，可是故事幾乎都不是這樣發展。身體的管道暢通程度是一種指標，我們可千萬不能忽視一個健康的腸道生態所展現的生命力，來自於腸道細菌和免疫系統之間的默契整合。

　　當我們接受了「細菌療程」的存在事實，更從「糞便移植」清楚知道一個我們從來都不認識的世界，就到了勾勒未來的時候了。我相信人類的甦醒過程會很艱辛，畢竟阻力很大，現有存在的這一切不容易取代，更不用說直接摧毀。可是透過細菌養土壤和養動植物都已經真實存在，對於實際執行相關事務的人來說，已經不是相信的層級，

是信念在激勵他們前進。

　　繼銷售太陽能、氧氣、水之後，銷售細菌將是未來的熱門產業，和細菌相關業務有關的公司企業會陸續在地球上開張。聚焦在養生保健的區塊，將是人類回歸自然的一股新興勢力，這是真的飲水思源，我們終於把方向對準自己最原始的出處，回應我們細胞內每一座粒線體發電廠認祖歸宗的期望。

　　保健才是最有效的治療，能量養生是最務實的養生方式，益生菌與酵素是保健養生的地基，少吃與不吃是生活中淬煉身心不可或缺的修持。我們做的，不過是順應身體的細菌療程，讓不利於身體健康的壞菌離開，讓身體迫切需要的菌種有定居與繁殖的空間，讓細菌與免疫系統可以協調運作出最穩定的生態平衡。這是今天最重要的事，也是未來的保健趨勢。

Section
04 腸道照顧好，怎麼做？

《姿勢決定你是誰》作者艾美柯蒂（Amy Cuddy）：「最激勵我的故事，是那些每天想辦法比昨天活得更正面、更有尊嚴的人，那些欠缺資源、沒有權力、沒有地位的人；他們很多人都經歷了嚴峻的磨難，但是仍然努力去嘗試，試著感受自己能感受最佳狀態，並充滿力量。」

心中確定比腦袋確定重要

我不是一位教方法的老師，我給動機，從態度去引導做法。如果你閱讀了本文，針對做法的輪廓可以用清晰來形容，那應該是我的失誤，是我讓你誤會了。我比較希望你感受到信心燃起，而且很清楚知道接下來的處境，不會痛苦，可是會有點辛苦，和你過去的認知最不一樣的地方，你將發現不知道怎麼結束，因為沒有所謂結束。

我所謂的動機是「勞」，大家所要的方法是「獲」，這裡出現一個很關鍵的探討，關於兩者中間的行動。行動到底是勞，還是獲？我們到底想獲得健康的成果，還是獲得行動的喜悅？舉個簡單的例子，看到鄰居每天一早出門爬山，然後汗流浹背的回來，你是讚賞對方可以維持這麼

高度的紀律，還是慶幸自己不需要那麼辛苦的早起外出？

　　心中有想法了嗎？腦子有附和嗎？這是經驗法則，有高達八成的人的心腦不合一，習慣陷入知識面與思考的判斷，忽略了演練，也忽略了持續，最後荒廢了生命。我順著前面運動健身的案例，進入腸道保健的執行方案，腸道健康的人一定是有運動習慣的人，可能是運動本身刺激腸道活絡，極有可能是持續運動背後的態度，這兩者構成了一個健康圖像的根基。

　　假設我面對一位身體的外相呈現就是毒素滿載的人，一般來說就是身軀已經臃腫，而且臉部皮膚暗沉，我最誠實的回應永遠是學習斷食，使用的材料就是細菌的代謝物酵素。你決定搬進去新居之前，務必得大掃除，這是很基本的道理，你不可能連整理房子的意願都沒有，你也不可能不先把老舊的廢棄物先清除，就打算把新家具搬進去。

　　如果這一關你想跳過，而且搬出所有你不方便的理由（事實上都是藉口，換個時空，換個場景，換個狀況，你就妥協了），只想到請益生菌來協助整理腸道的髒亂，我也願意預祝你順利。還有一種選項，訴求比較合乎人性滿足速度的需求，有水療、灌腸、洗浸等各式名稱和做法，這些方式對於長期沒有保養腸道的人基本上適用，切記要

有菌相重建的配套措施。

宿便屬於腸道最深層的汙垢，由於是經年累月的堆積，因此不透過身體能量堆疊之後的力道，也就是斷食，經驗告訴我們，不可能清得出來。這個議題不需要辯論，也不用邀請沒有斷食經驗的法官來裁決，公說公有理，不會有結論。坐在馬桶上畢竟是私密的事，宿便有沒有出來也只有自己知道，宿便再臭也只能自己聞，這些問題去請問沒有深化斷食的學者專家，就免了。

酵益、紀律、持續力

至於長期有飲食保健觀念和習慣的對象，一旦健康圖像清晰，你決定怎麼進行，都是最好的決定。我長期體會到健康路上沒有傲慢的空間，我們都必須一點一滴把自己隱藏的傲慢拔除掉，越謙卑，越能臣服於自然，越能聽進去別人的勸戒，越有機會掌握到不生病的自信。

「建立主菌種」是執行面的重點，假設自己從零開始，針對自己現階段的最大需求，養成長期補充特定菌種的習慣。持續的補充，也持續的創造細菌繁殖的優質環境，做法就是纖維素、酵素、生鮮蔬果及生食的常態性輸送。

　　舉個例子，因長期飲食習慣不佳而有胃酸逆流困擾的人，就必須把主菌種鎖定能夠抑制幽門螺旋桿菌的功能性乳酸菌；至於長期有排便障礙的人，我的建議是從晨斷食和飲食習慣改變做起，補充益生菌當然也是必要的措施。

　　市面上這些有特殊功能訴求的益生菌太多，讀者務必慎選，光是前述協助排便的產品，廠商所加進去的清腸成分就五花八門，這些都是唯恐消費者看不到效果的正常商業考量。從通路成本分析，我不認為一定要購買廣告做很大的，也不要跟純銷售的銷售人員購買，如果乳酸菌的銷售語言依然是「飯後補充」、「避免被胃酸侵蝕」，可以不用考慮購買，這種觀念已經落後十多年，早該淘汰了。

　　如果你不清楚自己應該如何決定主菌種的方向，就直接鎖定穩定免疫系統的功能性乳酸菌，讓主菌種成為和免疫系統對話的前鋒，透過腹腦和大腦之間腦腸軸線的雙向傳輸，創造身體最佳的平衡穩定。補充菌的方式建議從多到少，從高頻率到低頻率，從改良量到保養量，從主菌種補充到多樣性菌種補充。

　　不要把益生菌當成藥物處方，也不需討論是要在飯前還飯後服用，不需要總是用療程的視窗在看身體對於菌的需求。「怎麼使用，讓身體做決定」，這句話乍聽之下很

抽象，其實是態度的提示，是自己應該承擔起保養責任的時候了。其實補充菌是重點嗎？對於身體極需要整頓的人或許是，應該說重點在養菌，而不是補菌。習慣和環境可以涵蓋健康的全貌，養菌靠好習慣，從健康飲食到運動都是創造細菌繁殖環境的態度。

最後，再重申我在《零疾病，真健康：不依賴醫生的80種方法》裡面所提出的「酵益、紀律、持續力」，這三者是邁向健康無病痛的三大要素，缺一不可。從補充益生菌的態度來說明，活菌是優先考量，其次是活菌的數量，這是基礎，是原則，可是補充的量不是決定性因素，時間才是，持續使用才是。

酵益就是能量，紀律就是管理，這是我在課堂上的習慣用語。持續練習，持續供應，持續努力，沒有持續，就沒有成果。

Section

05 寫給「沒辦法」的你

《脆弱的力量》作者布芮妮布朗（Brené Brown）：「通常
當我們接觸外界，分享自己的恐懼、希望、掙扎和喜樂時，
會創造出連結的小火花。我們共同的脆弱在平時黑暗的地
方綻放了光芒，我把這種光比喻成閃爍光芒。」

最主要的事情

撰述到此刻，做個總結整理，為讀者做概括性的複習。
先談一下動機，我曾經在 2008 年到 2013 年，整整五年不
間斷的時間，每天在部落格撰文，是撰文，不是轉貼文章。
平均每天至少要花兩小時的時間，每篇文章至少一千個
字，再累也不容許開天窗。沒有人請我這麼做，也不是為
任何酬勞目的而做，就是覺得自己做得來，而且給自己一
個目標去努力。

目標不同於目的，當每日撰稿的動能維持，腦袋可以
激盪出不少的素材，也因為進行寫作，曾經激盪出不少佳
言。其實當初有練習打字的必要，我設定了目標，完成自
己練習的目的，所必須承受的是減少陪妻子的時間，這點
則必須取得她的諒解。我寫書，也不圖證明什麼，清楚自

己必須寫，必須把自己健康傳道的角色扮演好。

我們都得努力維持生活基本需求，我們也都活著，必須承認，我曾經不是太清楚生活與生存之間的區別。這些都是生命價值清晰明辨之後才想通的道理，談感情與賺錢都得投資時間，經營人際與社交也得花時間，可是這一生就這短短一百年，而且這個歲數得用我這樣的態度才走得到。我的重點是時間，我們還有多少時間，問自己還有多少時間，自己手邊正在忙碌的事情有沒有意義，到了生命的末端，會懷念這一段，還是悔恨這一段？

因為自己浪費過不短的寶貴人生，我願意用真心奉勸各位，或許真有比你現在最熱衷的事情還要重要的，而且你現在不做，以後肯定會後悔。有人非常善於理財，為退休後存好足夠的生活費用，遺憾的是自己沒有機會使用。我的順序是這樣的，先確定自己有命可以花錢，再來為後面的人生打理盤纏。可以兩者同時兼顧最好，這種人最讓我敬佩，因為他們沒有浪費太多時間在沒有價值的事上。

朋友都知道我最景仰柯維大師（Stephen R. Covey），每一本書都會有機會提到我對他的尊敬和感激，他就是修正我價值觀的生命導師。有一句大師的格言經常被我放在課程結束的提示：「最主要的事情，是讓最主要的事情，

成為最主要的事情（The main thing is to keep the main thing the main thing.）」。懂這句話不代表懂自己該怎麼做，懂自己該怎麼做也不表示自己一定會做。

過去不知道的，現在知道了；過去不懂的，現在懂了。問題是，來得及嗎？人生多少會有遺憾和不如意的事情，我的責任就是很清楚的告知，有一件你現在該做而沒有做的、不願意做的、不相信值得去做的，容許讓我再嘮叨幾句，趕快做吧。腦子想過健康很重要，嘴巴說過健康很重要，卻從來都不願意安排時間給自己的身體，會有一天，你承認自己是多麼的懦弱。

別讓自己的靈魂都唾棄你

在進出安寧病房的幾次經驗中，對於一種眼神印象深刻，那是對生命全然繳械的眼神，即使在等待，還是顯得相當不安。放棄，決定了方向，代表沒有成功的機會，安寧病房的設置就為了讓這些眼神有自在的歸屬。我始終認為人沒有必要走到這一步，這種眼神是人類發明的，是環境創造的，是縱容自己不努力的結果。

病人之所以放棄，是因為環境給他沒有希望的氣氛，

連醫生也放棄了，結果是包括你我在內的所有人都默認有這個迎接死亡的空間。其實癌症病人應該走進能量場，讓一群已經走出癌症陰霾的人陪同，讓希望伴隨著他們，讓他們體內不再存在任何絕望的傳導。好比戒毒或戒酒成功的重生聚會，讓希望來消弭絕望，讓歡樂來澆熄恐懼。

社會上是專業形象的代表，醫生的思考如果經常落入負面的傳輸，顯示主流醫學不是成功的系統，深入分析，還是治療的定位在那有限的時空中被框進了死胡同。如果還有值得深入分析的空間，是身體的能耐從未獲得主流醫學的尊重，還有腸道菌相的重要性被主流醫學的處方全面掩蓋，剩下就是非到最後一刻不願意努力的墮落人性。

我鼓勵你做肝膽腸淨化，鼓勵你熟練斷食，鼓勵你透過細菌意識經營健康。這三大主題在社會上存在很大的教育空間，有誤解，有排斥，有害怕，有擔心，有恐懼，可是經驗告訴我，這一切都必須在你的空間中消失，完全是空穴來風。我承認人有惰性，我也相信人的劣根性，的確有人已經靠近這條健康中道，結果習性還是硬把他們拉回自己的舒適圈。

記得我在「現代瘟疫」一文中所介紹的藍金醫師嗎？記得我用「笑看人生的智者」形容她嗎？她才是最有資格

留在舒適圈的人，只是價值信念的覺悟，她用勇氣征服了包括誤解、排斥、害怕、擔心、恐懼在內的所有可能性，她捨棄掉所有好不容易得來的財富和地位，選擇一份和自己的良知一起的工作。有人直接把「反對醫療」的標籤貼在我身上，這還是有欲蓋彌彰的味道，我所反對的是既得利益的醫療，是睜眼說瞎話的醫療，是勒令自己不准進步的醫療。

我在之前的作品中探討過花錢的方向，我們希望把錢花在刀口上，可是急迫的時候叫刀口，不急迫的時候懷疑對方的誠意，問題都出在那永遠放不大的價值觀。這就是當醫生告訴你趕快吃藥否則沒命的時候，你回答「遵命」；當我提醒你儘快把身上的垃圾丟掉的時候，你的回答是「沒辦法」。

「沒辦法」有兩種意境，一種是身體沒辦法，已經是藥罐子，認定自己病入膏肓；另一種心中沒辦法，不喜歡被推銷，不甘願被說服，不爽做讓自己感覺沒面子的事。記得我在「減肥，別傻了！」提到「甘願受」嗎？我總是覺得說出「寧可吃到死」的人到臨死之前會不甘願，因為我強烈懷疑懂得「甘願受」的人會說這樣的話。

這真的是我和兒子互動所體會到的人生哲理：凡是做

過的都要甘願，該做而還沒做的就趕快做。嘉勉、功勞、
掌聲都可以省了，看到充滿希望的眼神才是最甘願的，知
道你的靈魂都不再唾棄你的時候，容我為你鼓掌，也請給
自己最得意的掌聲！

後　記
01 你愛你自己嗎？

《力與愛》作者亞當卡漢（Adam Kahane）：「跌倒告訴我們，需要自我反省看清楚一直在做的事情，以及進一步思考這是為什麼？這會有什麼後果？跌倒之後，我們必須學會再站起來；帶著學習後的滋養、更多的專注力，嘗試再度向前。」

看著教室裡面的學員，我不斷提醒自己，也不斷反問自己：他們最應該學習到什麼？如何能讓他們有不虛此行的感動？如果我有能力讓學員脫胎換骨，如果我有機會讓學員因此而超越巔峰，我絕對願意傾全力付出。

曾經問過自己底下這些問題：「你愛你自己嗎？」「你認識你自己嗎？」「你知道過去犯了哪些錯誤嗎？」「你打算繼續這樣過下半輩子嗎？」會出現這些問題，因為體悟到一些生命道理，很清楚掌握到一些為人的原則，總而言之，就是告誡自己不能再犯相同的過錯。

這些問題被整合在美國電視影集「實習醫生」第十季的一段故事，我分享在課程中，也渴望分享給讀者。

一位男士在高速公路出車禍後被送到醫院急診室，外科醫師在手術房極力搶救回他的生命後，確定頸椎受損嚴重而下半身癱瘓，而且從此必須仰賴呼吸器維生。發生事

故的那天是愛妻計畫陪同他享受職籃季後賽的一天，妻子見到那不忍卒睹的畫面，和主治大夫討論之後，預言先生清醒之後會做拔管的決定。

在分析說明過實際狀況後，妻子告訴他無論做什麼決定，都會永遠陪著他，接著主治大夫問了三個問題：「你知道你是誰嗎？」「你知道發生了什麼事嗎？」「你希望我幫你拔掉呼吸器嗎？」我的工作心得把問題修改成「你愛你自己嗎？」「你知道為何會如此嗎？」「你希望繼續這樣往後的人生嗎？」

與其說不願意改變，我看到多數人的問題在失去思辨力，在被自己的習性綁架，在捨棄了單純相信的態度。在我所接觸的所有個案中，因為家人反對而障礙了學習的案例最多，因為害怕改變而寧願待在舒適圈的也不少，我把這些因素全都歸納在不夠愛自己，不願意突破困境，不夠努力去堆疊自己的信念。

嚴格說，這是一種社會問題，我感受到一股不進步的社會氛圍，它就隱藏在環境的角落，大家都在速成和表面功夫中，相安無事。呈現的，是委屈，是逃避，是僥倖，是不服氣，是怨懟，是別人的過失，是他人的職責，是關起門來顧影自憐。我很希望讀者都能抓住我的信息，為何

　　不健康，當然不是只有一個答案，可是所有問題都能彙整成一個問題，就是不夠認識自己，也不夠愛自己。

　　所以我問自己，學生到底應該學到什麼？我寫書的目的是希望讀者接收到什麼？閱讀了整本有關細菌的內容，瞭解了身體，瞭解了腸道，瞭解了菌相，瞭解了健康的全貌，可是卻不瞭解自己，這不是我所圖的結果。既然細菌是演繹時間的高手，既然健康需要透過時間來驗證，我們都必須有本事把自己安置在時間的刻度中，監督自己生命的成長。

　　或許我因此有嚴苛的形象，感覺對於半途而廢的學生缺乏包容力，可是這絕非我的內心世界。寫在婉君老師的推薦文裡面，我們很用心的檢討身為教導者的態度，我也從守仁老師的社會企業信念中，學習到身為知識分子的社會責任。

　　談到社會責任，我以「真」樹立自己的良心事業，也以「璞真」為名成立健康宣導團隊。我邀請的四位推薦文撰述者都是很真的人，都比我年輕，也都和我熟識，都秉持相同的養生信念。余儀呈醫師是我認識的少數優秀醫師之一，是極少數把病人立場擺在首位的良醫。至於最年輕的裕鈞醫師，我願意分享第一次見到這位年輕人的心得，

我對他說「因為你的態度，我看到你的光明前程」。

　　我曾經分析過人生的兩條路，一條是原地踏步，一條是不斷進步。邀請所有讀者一同善待自己，也推己及人善待別人，一起走在不斷進步的路上。

後 記
02 榮耀我的祖先：細菌

《演化之舞》作者馬古利斯、薩根（Lynn Margulis & Dorion Sagan）：「當我們對微生物的觀點從一個全然醫學的角度，轉變成能夠了解細菌是我們的祖先、地球的長老時，我們的情緒也跟著改變……從畏懼和厭惡，轉變成尊重和敬畏。」

歲月留在記憶中，也不斷在催生新的思維。長大不是小孩的專利，這是我中年之後常有的想法，知道自己有所成長而產生兩條思考線，看到無盡的進步空間，也用力揮別不夠精進的自己。

文字記錄著我的思考，也記載著我的心境。來自大腦的跳動和指引，我把自己某一刻的靈感記了下來，電腦、網路平台、書籍都存下我的靈動。進步更新了這段紀錄，所有來自大腦的傳輸都保有來自腹腦的思考，可能記錄了腸道細菌的集體意識。

我的文字中不時會出現邏輯的身影，在合理的邏輯中發現不合的邏輯，在邏輯不通的世界中找到合理的邏輯。科學不再是科學，科學也不再科學；邏輯不再是邏輯，邏輯也不再合邏輯。換個時空，看到不一樣的世界；換了視窗，也看到不一樣的世界；換個態度，走到不一樣的世界。

很誠意的告知，針對健康，請看到細菌的世界，請透過腸道的視窗，也請淬鍊珍惜身體的態度。

經常問自己，現在做這件事的意義何在？我指的是我做的每件事，所謂意義，必須從未來回溯，從未來的角度檢視，必須是值得懷念的片刻，不能是充滿悔恨的時空。關鍵在心態，是圖利自己，還是有利於他人，人們選擇記得你或忘記你，都源自於那個動念。這一切糾結，牽動每個人腦中的邏輯基礎和價值觀，也被牽動，相互牽動。合或不合，有時候還得把權柄交給因果業力。

因果是最堅實的科學，法則是最牢靠的邏輯，人都得認清自己的渺小，人都得看懂生命的功課，我們都得抬頭景仰造物的美意。我們一生都在證明自己是對的，有趣的是，承認錯誤才有機會證明對的存在。真有可能，針對某一件事或某一種體會，求證了一甲子，堅持了一輩子，最後卻必須在承認錯誤中落幕。

認錯才有機會讓真理傳承，讓後代不再經歷錯誤，讓子孫不再堅持謬誤，讓生態回歸自然，也讓人體回歸健康。這一條道路如果出現關鍵的延誤，如果嚴重壅塞，幾乎都在源頭就堵塞，是認錯太困難。至於認錯，除了事情本質的錯誤，還有態度的錯誤，而後者才是淤塞的關鍵因素。

　　如果態度錯了，生命就持續在遞減，人生價值也就一直在削減。算一算，自己蹉跎了多少生命，浪費了多少寶貴的時間，折損了多少細胞，殘害了多少自己肉眼所看不到的生命。有沒有發現，人類的建設邏輯經常夾帶破壞和侵犯，好比一條穿越山脈的高速公路，在破壞和侵犯中建設；好比傷害基礎生理的用藥習慣，美其名為了健康，實際上更貼近病痛。

　　抽絲剝繭，我一路上丟棄自己的不當習性，過去自己不可能承認的傲慢自大，人生旅途一直被慾念和名相掌控的慣性，赫然驚覺，如果因此而耽誤了別人的生命，那是多麼的罪過。再驚覺，大家都還在犯同樣的錯，大家都習慣用錯誤的態度在和自己的身體互動，誠願，沒有人承接了我的錯誤慣性，沒有人因為我而掉入不當的習性陷阱。

　　寫這本書的過程，我完整回顧自己這一生，讚嘆人生際遇的奧妙，想起那關鍵的錯誤，想到那關鍵的緣分，連結到自己獨特的成長背景。我感恩自己還保有些許的影響力，我願意隨時讓自己歸零，去影響一個人，改變一個人，一個人的影響力好大，只要他願意改變。

　　改變來自臣服，來自於謙卑學習；進步來自於認錯，來自於革除名相。感謝身體的引領，讓我掌握到所有關鍵

的轉折；感謝細菌的無私典範，讓我體悟到最圓滿的共生。請協助傳承，用行動驗證身體高能量世界的威力，讓積極的態度催生身體內微生物的正能量，以健康無病痛來榮耀我們共同的祖先：細菌。

送給你，我的健康盟友們。

就生命的意義和價值來說，

很多事應該是不計成敗的。

那些符合自己的生命價值觀，

又是有利於多數人的事。

賠得起，就讓它賠。

輸得起，就應該輸。

承擔得起，就勇敢承擔。

讓時間來驗證一件有價值的事，

而且愈陳愈香。

我們不一定要最好，

可是絕對要禁得起考驗。

國家圖書館出版品預行編目資料

醫生菌：細菌是我們的醫生／陳立維著 . -- 初版 . -- 臺北市：原水文化出版：
家庭傳媒城邦分公司發行 , 2017.10
面； 公分 . --（悅讀健康；138）
ISBN 978-986-95486-2-5（平裝）
1. 細菌

369.4   106018234

悅讀健康 138

醫生菌：細菌是我們的醫生

作　　　者／陳立維
選書・責編／潘玉女

行 銷 企 畫／洪沛澤
行 銷 經 理／王維君
業 務 經 理／羅越華
總　 編　 輯／林小鈴
發　 行　 人／何飛鵬
出　　　版／原水文化
　　　　　　台北市民生東路二段 141 號 8 樓
　　　　　　電話：（02）2500-7008　傳真：（02）2502-7676
　　　　　　E-mail：H2O@cite.com.tw　部落格：http://citeh2o.pixnet.net/blog/
發　　　行／英屬蓋曼群島商家庭傳媒股份有限公司城邦分公司
　　　　　　台北市中山區民生東路二段 141 號 11 樓
　　　　　　書虫客服服務專線：02-25007718；25007719
　　　　　　24 小時傳真專線：02-25001990；25001991
　　　　　　服務時間：週一至週五上午 09:30 ～ 12:00；下午 13:30 ～ 17:00
　　　　　　讀者服務信箱：service@readingclub.com.tw
劃 撥 帳 號／19863813；戶名：書虫股份有限公司
香 港 發 行／城邦（香港）出版集團有限公司
　　　　　　香港灣仔駱克道 193 號東超商業中心 1 樓
　　　　　　電話：(852)2508-6231　傳真：(852)2578-9337
　　　　　　電郵：hkcite@biznetvigator.com
馬 新 發 行／城邦（馬新）出版集團
　　　　　　41, Jalan Radin Anum, Bandar Baru Sri Petaling,
　　　　　　57000 Kuala Lumpur, Malaysia.
　　　　　　電話：(603) 90578822　傳真：(603) 90576622
　　　　　　電郵：cite@cite.com.my

美 術 設 計／李京蓉
內 頁 排 版／陳喬尹
製 版 印 刷／卡樂彩色製版印刷有限公司
初　　　版／2017 年 10 月 19 日
定　　　價／350 元

I S B N　978-986-95486-2-5

城邦讀書花園
www.cite.com.tw